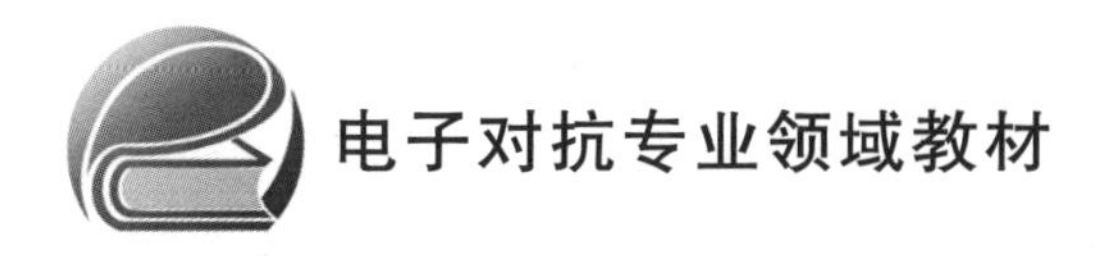


# 雷达与雷达对抗效能
# ——原理与绘算

王之腾　主编

北京航空航天大学出版社

## 内 容 简 介

本书采用图文并茂的形式，简洁明了地阐释了雷达效能计算与雷达对抗效能计算的基本原理与绘算方法。借助配套软件，读者只需扫描书中的公式二维码，便能对抽象的计算公式进行直观的可视化操作，从而方便、快捷地实现公式计算和绘图分析。这不仅能够增添读者的学习研究兴趣，还能进一步加深读者对于雷达与雷达对抗效能计算的理解程度，有效提升其应用水平。

本书既可作为电子对抗专业领域相关人员的参考教材，也可作为普及读物为非专业读者了解和学习雷达与雷达对抗效能绘算提供帮助。

**图书在版编目(CIP)数据**

雷达与雷达对抗效能 ：原理与绘算 / 王之腾主编. 北京 ：北京航空航天大学出版社，2025. 3.

ISBN 978-7-5124-4572-7

Ⅰ. TN95；TN974

中国国家版本馆 CIP 数据核字第 2025WU8239 号



**雷达与雷达对抗效能——原理与绘算**

王之腾　主编

策划编辑　杨国龙　　责任编辑　杨国龙

*

北京航空航天大学出版社出版发行

北京市海淀区学院路37号(邮编100191)　http://www.buaapress.com.cn

发行部电话：(010)82317024　传真：(010)82328026

读者信箱：qdpress@buaacm.com　邮购电话：(010)82316936

北京雅图新世纪印刷科技有限公司印装　各地书店经销

*

开本：710×1 000　1/16　印张：11.25　字数：240千字

2025年3月第1版　2025年3月第1次印刷

ISBN 978-7-5124-4572-7　定价：59.00元

---

# 编委会

# 前　言

随着科技的进步和时代的发展，雷达技术在军事和民用领域发挥着越来越重要的作用，它不仅在现代战争中扮演着预警、侦察、监视等关键角色，是不可或缺的“千里眼”，而且在航空交通管理、气象预测、海洋探测等民用领域也发挥着至关重要的作用。随着雷达技术的不断进步，极大地扩展了人类对空间的认知与利用，而作为其对立面的雷达对抗技术则是针对雷达进行干扰、压制和摧毁的重要手段，对于提升战场生存能力和作战效能具有重大意义。在这样的背景下，面对这两大技术体系的迅猛发展与广泛应用，深入学习理解和掌握雷达与雷达对抗效能的基本原理和计算分析具有重要意义，这不仅有助于学习者更加准确地评估雷达系统的工作性能，还能为优化雷达对抗策略提供科学依据。因此，许多学习者都尝试在这一领域开展学习研究。

然而，开展雷达与雷达对抗效能的学习研究并非易事，复杂的数学模型与计算公式往往成为初学者难以逾越的鸿沟，而为了开展计算分析和深入理解变量之间的关系影响，还需要学习编程才能实现，又进一步提高了学习门槛，让许多学习者望而却步。如何能够帮助更多的学习者跨越门槛，尽快走入这个领域呢？是否可以通过提供方便高效的学习工具来降低学习障碍呢？为了解决以上难题，我们精心编写的这本《雷达与雷达对抗效能——原理与绘算》。本书旨在通过图文结合的方式，在深入浅出地讲解雷达与雷达对抗效能计算的基本原理的基础上，学习者通过使用与本书配套的绘算软件扫描对应的公式二维码，就可快速地将抽象的公式转换为可操作的数学模型和直观的图形表示，实现公式计算与绘图分析，可极大地降低学习门槛。这不仅有助于提高学习效率，也有助于激发学习者的研究兴趣和创新思维。综合上述，本书具有以下特点：

1. 理实结合。本书在阐述雷达与雷达对抗效能计算原理的理论基础上，注重结合软件开展实际操作，学习者借助配套软件可以快速掌握雷达与雷达对抗效能的计算和绘图方法，尽快地学以致用。

2. 通俗易懂。本书力求用简洁明了的语言解释复杂的概念和公式，帮助学习者降低入门难度。

3. 案例丰富。本书结合大量计算与分析案例，使学习者能够更好地理解和运用雷达与雷达对抗效能的计算与绘图分析方法。

本书共分为 6 章：第 1 章雷达与雷达对抗效能绘算软件，主要介绍雷达与雷达对抗效能绘算软件的主要功能、工作流程和操作使用方法，可为后续章节使用此软件开展公式计算和绘图分析做好准备，主要由王之腾负责组织编写；第 2 章雷达基本工作参数原理与计算分析，主要介绍了雷达的工作频率、脉冲宽度、脉冲重复频率、天线增益等方面的原理与绘算方法，主要由刘畅负责组织编写；第 3 章雷达目标参数测量原理与计算分析，主要介绍了距离测量、高度测量、速度测量等参数测量的绘算方法，主要由刘畅负责组织编写；第 4 章雷达最大作用距离计算原理与分析，主要介绍了不同形式的雷达方程、直视距离等的原理与绘算方法，主要由刘畅负责组织编写；第 5 章雷达对抗侦察基本原理与计算分析，主要介绍了不同条件下雷达对抗侦察范围及多种目标定位方法的基本原理与绘算分析，主要由纪存孝负责组织编写；第 6 章雷达干扰基本原理与计算分析，主要介绍了不同条件下的雷达干扰方程与有效干扰空间的基本原理与绘算分析，主要由纪存孝负责组织编写。

本书的编写是在近几年教学和科研实践的基础上完成的，并参考了同行前辈们的研究成果。作者虽已竭尽全力，但书中仍可能存在不足之处，敬请读者和同行专家不吝赐教。在此，对为本书的编写提供帮助和支持的所有人表示衷心的感谢和诚挚的敬意！

作　者

2025 年 3 月 20 日

绘算软件下载

软件配套计算公式二维码列表

# 目　　录

# 第1章　雷达与雷达对抗效能绘算软件

"工欲善其事，必先利其器。"

——《论语·卫灵公》

根据广大读者在学习研究雷达与雷达对抗效能计算与绘图分析中的实际需要，以及智能手机的广泛普及，我们设计开发了一款雷达与雷达对抗效能绘算手机端软件，旨在能为更多学习者提供一个触手可及且方便实用的辅助学习工具，可以有效地提高学习研究的效率。为了帮助学习者尽快了解软件，本章将采用图文结合的方式详细介绍软件的主要功能、工作流程及操作使用方法。

## 1.1　主要功能

利用雷达与雷达对抗效能绘算软件，学习者能够通过简便操作实现雷达与雷达对抗效能公式建立、计算、绘图及分享等功能，使学习者能够通过计算与绘图的方式理解每个变量的作用和影响，以便于开展雷达与雷达对抗效能的学习研究。

雷达与雷达对抗效能绘算软件主要功能如图1-1所示。

该软件主要包括公式创建与存储、公式解析与计算、公式绘图分析和公式分享等功能。下面依次介绍软件的各个功能模块：

### 1. 公式创建与存储

该模块的核心功能是根据实际需求构建各类公式。用户可以自定义变量名称、设定变量单位、为公式添加注释和备注。此外，用户还可以根据实际应用需要，对基本公式进行调整和编辑，以满足不断变化的需求。

### 2. 公式解析与计算

该模块的核心功能是对输入的公式及变量进行解析和计算。首先，通过解析算法，对公式中的变量、计算符号以及符号优先级计算关系进行解析处理。其次，在解析处理后，对参数列表中的参数进行赋值替换和求解计算。

### 3. 公式绘图分析

该模块允许用户在公式中选取特定参数，并设定参数变量取值范围和间隔进行绘图，能够支持平面直角坐标和极坐标两种绘图方式。在平面直角坐标绘图中，用户可选择公式中的具体参数变量作为横轴，设定起始值、终点值和跨度，从而实现平面直角坐标绘图。在极坐标绘图中，用户可根据公式的角变量选择极坐标轴，设定起始值、终点值和跨度，从而实现极坐标绘图。通过单变量绘图和多变量对比绘图分析，用户能更直观地理解单个或多个变量对最终计算结果的影响。

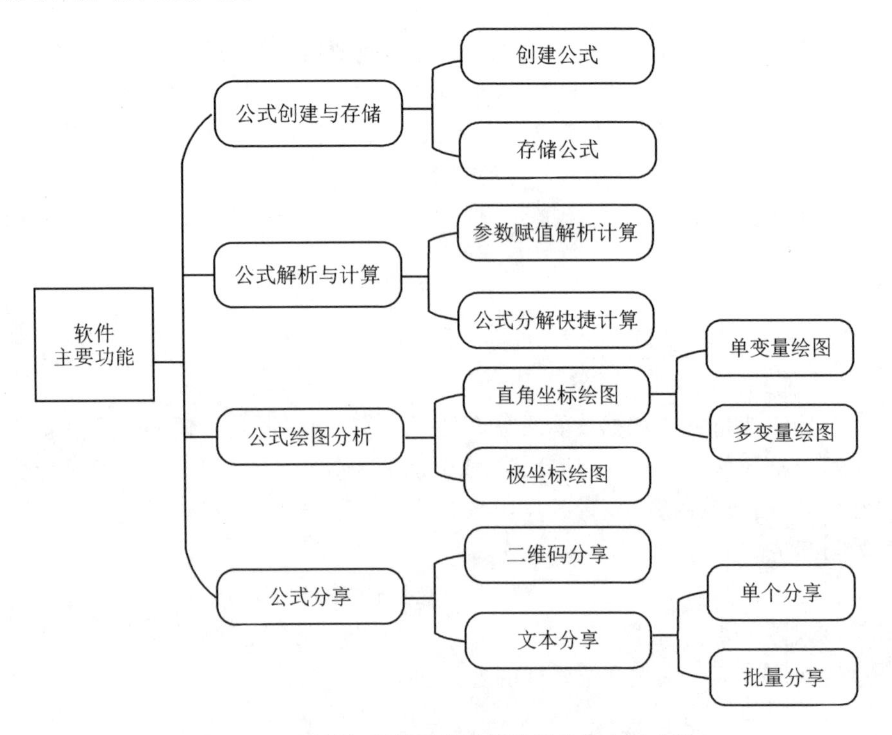


**图 1-1　雷达与雷达对抗效能绘算软件主要功能**

### 4. 公式分享

该模块主要是通过方便快捷的方式实现不同用户之间的公式分享与使用。公式分享的方式包括二维码分享和文本分享。其中，二维码分享是指分享者将公式内容以二维码的形式呈现出来，使用者通过绘算软件扫描二维码就可以识别公式并导入本机。文本分享是把公式内容以文本的形式分享，需要分享者把公式内容复制后发送给使用者，使用者再把公式文本内容导入本机。根据使用场景的需要，可以进行单个公式分享和批量公式分享。

## 1.2　工作流程

雷达与雷达对抗效能绘算软件的工作流程包括问题分析、公式创建、公式计算、公式绘图等步骤，如图 1-2 所示。

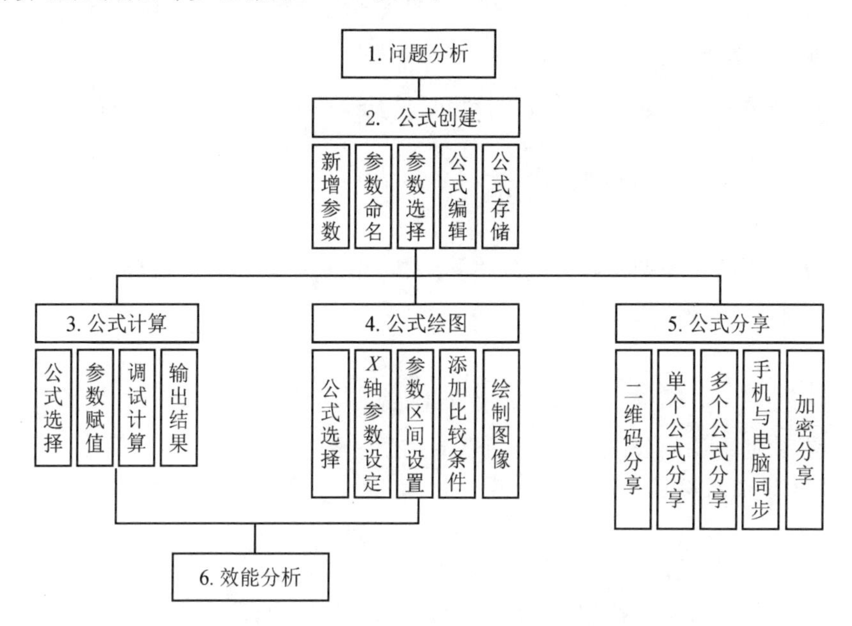


**图 1-2　雷达与雷达对抗效能绘算软件工作流程示意图**

下面介绍每个步骤的主要工作：

### 1. 问题分析

对问题所涉及元素进行深入分析，根据实际情况选取合适的理论模型作为建模参考，并确保其准确性和严谨性。

### 2. 公式创建

公式创建主要包括添加新参数并为参数命名；选择参数，按照规则编辑公式；保存公式 3 个步骤。

### 3. 公式计算

在进行公式计算时，可按照步骤选择公式、添加公式参数、公式计算的步骤进行。此外，根据实际需求，还可选取局部公式进行调试计算，以分析局部计算结果。

### 4. 公式绘图

在进行公式绘图时，首先，需确定所需绘制公式的类型，并根据绘图需求选择平面直角坐标系或极坐标系作为绘图方式;然后,选择 $X$ 轴变量,设置变量绘图的起始值、最大值和跨度后进行绘图,针对多变量公式,还可以添加多条件对比绘图;最后,根据以上设置,绘制和保存函数图像。

### 5. 公式分享

用户可以选择通过二维码、文本的方式实现公式分享。

### 6. 效能分析

依据单一变量或多个变量的计算结果及绘图效果进行效能分析。

## 1.3 操作使用方法

本节将结合实例按照公式创建、公式计算、公式绘图和公式分享的顺序依次介绍软件的操作使用方法。

## 1.3.1 公式创建

在软件中创建公式,主要包括以下几个步骤:

① 添加新参数并为参数命名。

② 选择所需参数,按规则编辑公式。

③ 保存公式。

为了便于理解和使用,结合一个基本三角函数公式的建立过程,介绍演示软件的操作使用方法。

### 1. 新建分类

新建分类
操作视频

为了便于公式的分类管理,在软件安装后,启动软件必须首先建立分类,才能在具体的分类之下建立公式,操作方式是点击软件主界面右上方“新建分类”按钮,如图 1-3 所示。

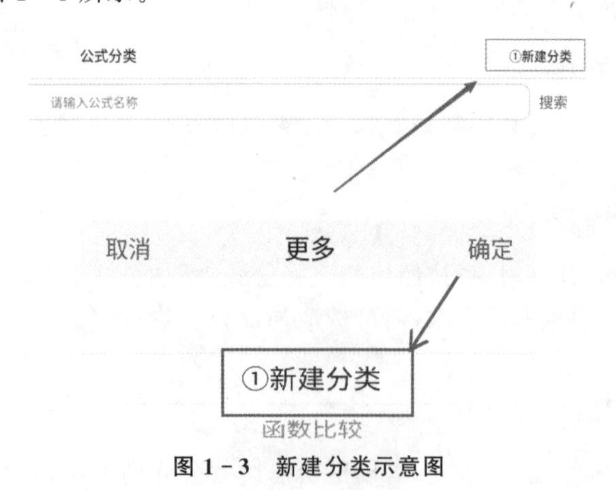


图 1-3 新建分类示意图

在出现“新建分类”后，点击“确定”按钮。然后，设置分类名（注意：分类名称是不可以重复的）。例如，输入分类名称“测试”后，点击“确定”按钮，如图 1－4 所示。

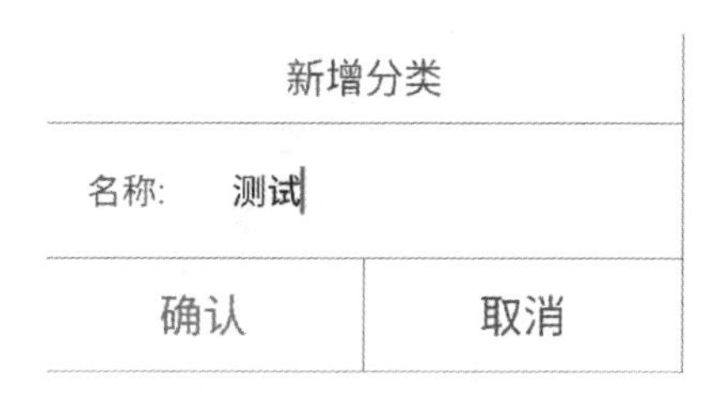


图 1－4　设置分类名称示意图

这样就建立好一个分类，名称为“测试”（见图 1－5）。

图 1－5　添加分类完成示意图

长按分类名称，并向左滑动，可以进行分类编辑、删除等操作（见图 1－6）。

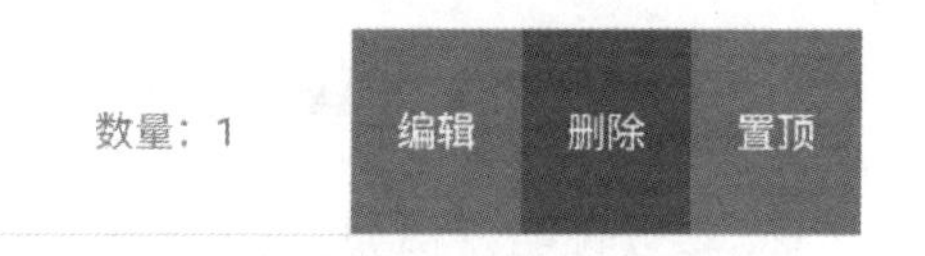


图 1－6　分类编辑操作示意图

编辑分类操作视频

## 2. 新建公式

点击分类，进入公式管理界面，点击右上方“公式管理”按钮，如图 1－7 所示。

新建公式操作视频

图 1－7　公式管理示意图

选择“新建公式”，点击“确定”按钮（见图 1－8）。

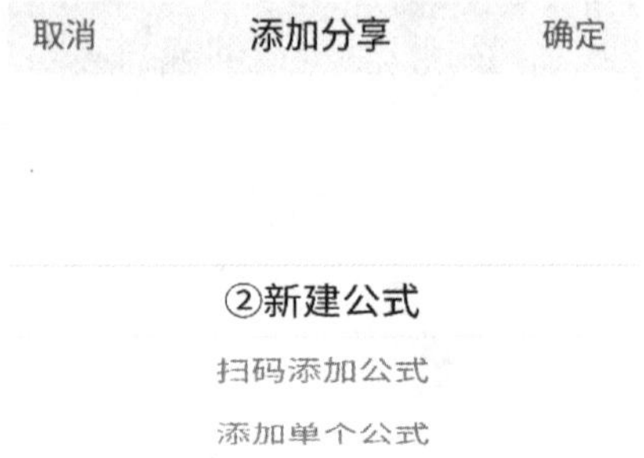

取消
添加分享
确定
②新建公式
扫码添加公式
添加单个公式

图 1-8　新建公式示意图

在公式管理界面，点击右下方“新增参数”按钮，依次添加参数变量(见图 1-9)。

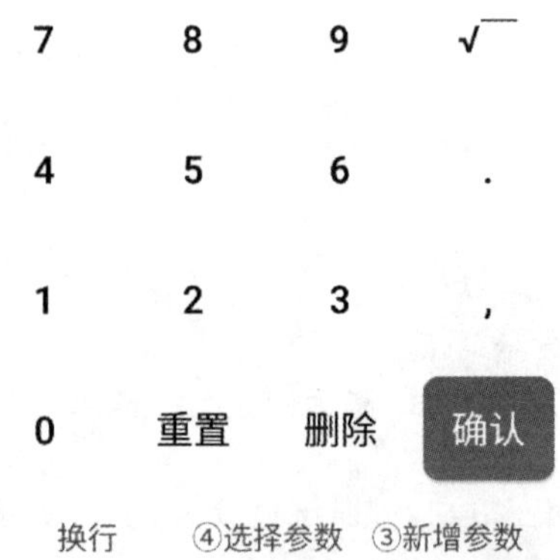

7 8 9 √
4 5 6 .
1 2 3 ,
0 重置 删除 确认
换行
④选择参数
③新增参数

图 1-9　新增参数示意图

输入参数变量名称、参数说明。例如，输入参数“X1”，参数说明填写“弧度”，点击“确认”按钮(见图 1-10)。

新增参数
参数:
X1
说明:
弧度
确认
取消

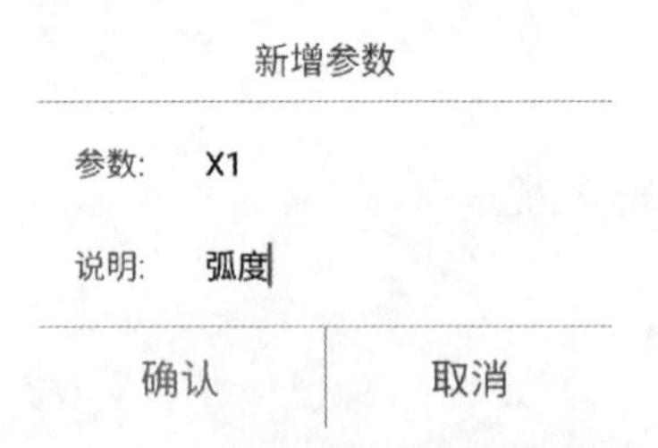

图 1-10　设置新增参数示意图

在公式编辑界面点击输入公式区域，点击界面上的“SIN”按钮(见图 1-11)。

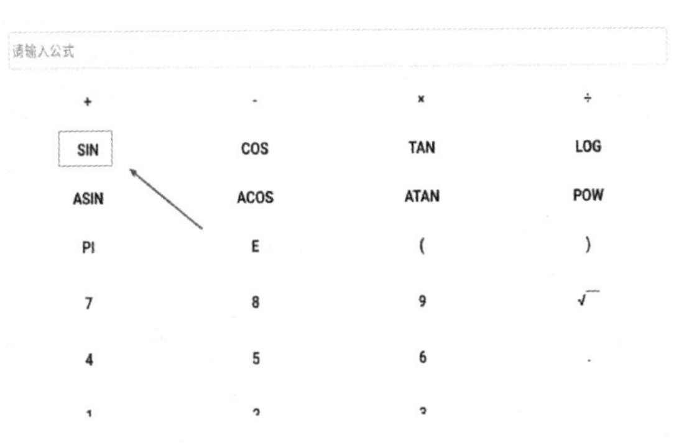


图 1－11　选择函数示意图

公式编辑区域会显示“sin()”(见图 1－12)。

图 1－12　公式编辑区域示意图

点击“选择参数”按钮(见图 1－13),选择变量“X1”,点击“确定”按钮(见图 1－14)。

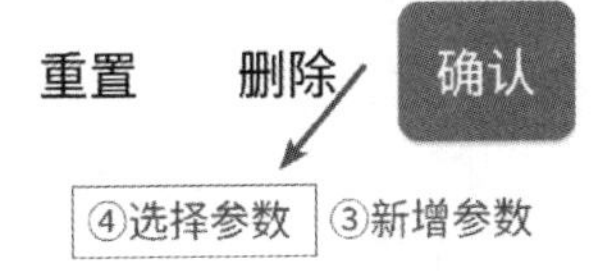


图 1－13　选择参数示意图

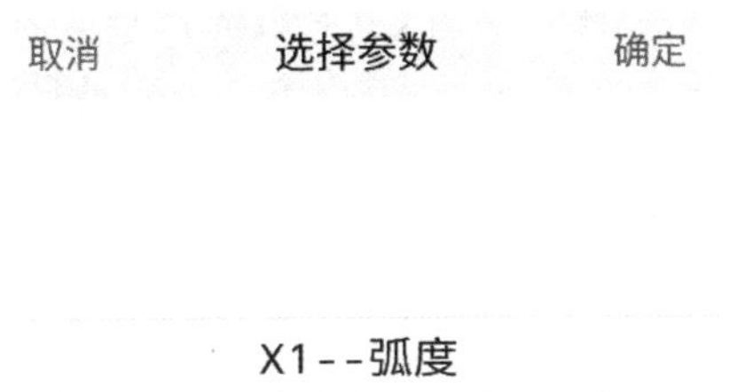

取消　选择参数　确定

X1－－弧度

图 1－14　选择变量 X1 示意图

这样就完成了公式编辑(见图 1－15)。

sin(X1)

图 1－15　公式完成示意图

此外,公式编辑界面还有很多计算符号和函数,需要了解一下其主要功能和使用方法。

第一行是简单计算符号,即加减乘除,如图 1－16 所示。

图 1-16　计算符号界面示意图

第二、三行是基本函数。假如点击“COS”按钮，在软件的公式编辑区域会出现“cos()”，需要在括号内添加具体内容，如图 1-17 所示。同理，“SIN”(正弦函数)、“TAN”(正切函数)、“ASIN”(反正弦函数)、“ACOS”(反余弦函数)、“ATAN”(反正切函数)都可以按照上述方式选择。

对数函数 log 和指数函数 pow 与其他函数不同，需要输入两个参数，这里需要重点介绍一下对数函数 log 和指数函数 pow 的使用方法。

LOG_POW 公式输入操作视频

在软件公式编辑界面上点击“LOG”按钮，公式编辑面板上会出现“log(,)”(见图 1-18)，但函数的括号里面有一个逗号，说明需要输入两个参数变量，第一个变量是底数，第二个变量是真数。

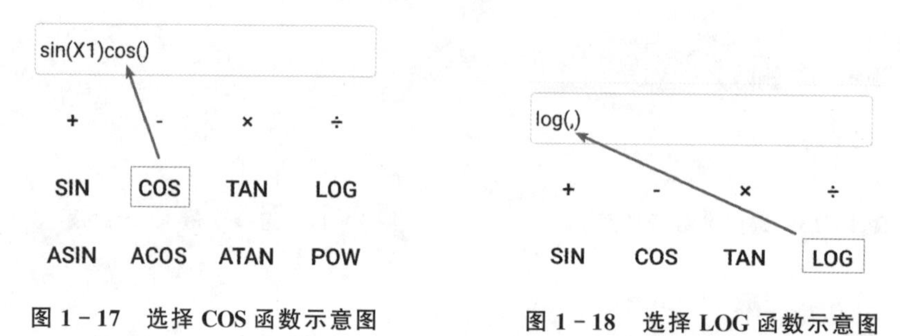


图 1-17　选择 COS 函数示意图　　图 1-18　选择 LOG 函数示意图

例如，输入以 2 为底数、3 为真数的对数，只需如图 1-19 所示输入“log(2,3)”即可。

log(2,3)

图 1-19　计算 LOG 函数示意图

假设以 2 为底数，变量 X1 为真数，则可以在第二个参数位置选择变量

“X1”(见图1-20),就可以计算“log(2,X1)”(见图1-21)。

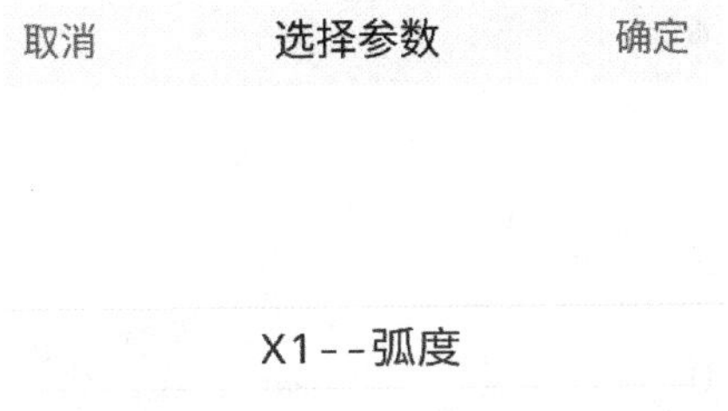

取消　选择参数　确定

X1--弧度

图1-20　选择变量X1计算LOG函数示意图

log(2,X1)

图1-21　计算log(2,X1)函数示意图

同理,指数函数pow也需要输入两个参数变量,第一个变量是底数,第二个变量是指数。例如,需要输入2的3次方,只需如图1-22所示输入“pow(2,3)”即可。

pow(2,3)

图1-22　计算POW函数示意图

假设以2为底数,变量X1为指数,可以在第二个参数位置选择变量“X1”(见图1-23),就可以计算“pow(2,X1)”(见图1-24)。

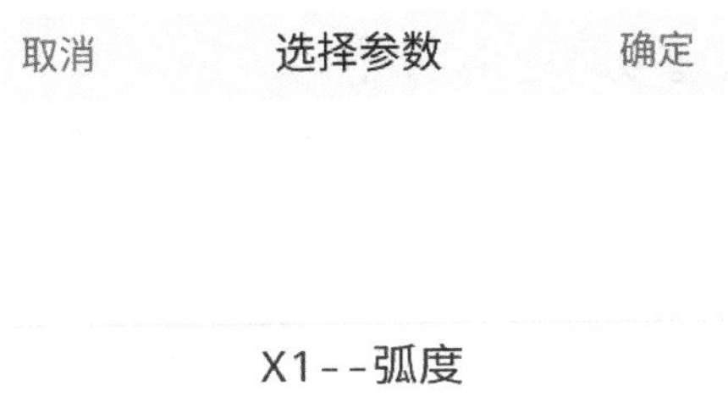

取消　选择参数　确定

X1--弧度

图1-23　选择变量X1计算POW函数示意图

pow(2,X1)

图1-24　计算pow(2,X1)示意图

点击“确认”按钮，完成公式新建(见图 1-25)。

4
5
6
.
1
2
3
,
0
重置
删除
确认

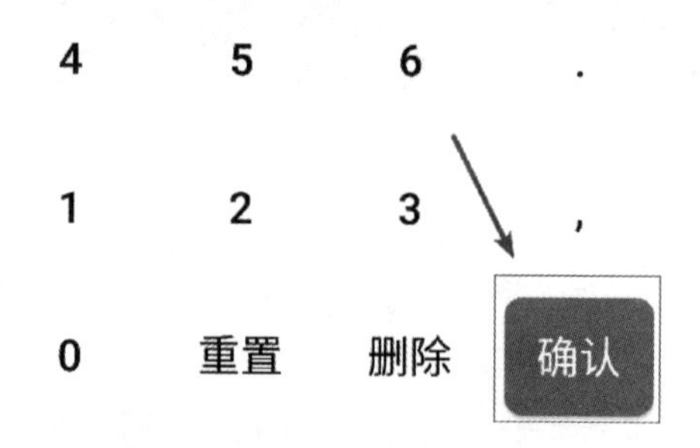

**图 1-25　完成公式新建示意图**

在点击“确认”按钮后，还需要输入保存的公式名称等信息(见图 1-26)，再点击“确认”按钮后即完成公式保存。

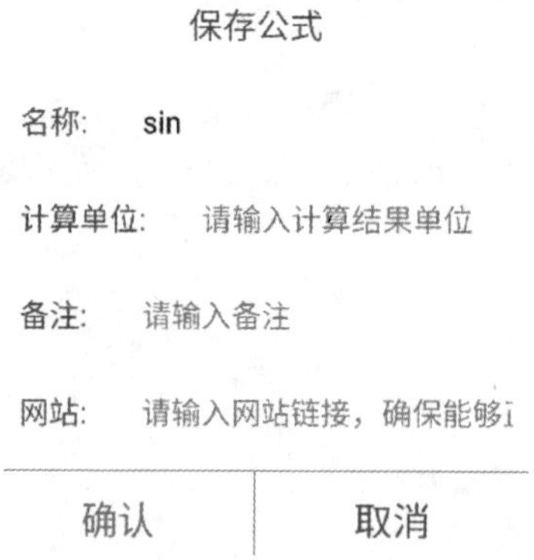

保存公式
名称:
sin
计算单位:
请输入计算结果单位
备注:
请输入备注
网站:
请输入网站链接，确保能够
确认
取消

**图 1-26　输入公式名称示意图**

上述内容创建了具有单个变量的三角函数公式，该公式是比较简单的，但在实际中会遇到更多复杂的多变量公式，因此还需要掌握更加复杂的公式创建方法。“欲穷千里目，更上一层楼。”学习的过程需要循序渐进，一步一个脚印，才能不断地向上跨越新的台阶。你如果已经掌握了前面简单公式的创建方法，下面通过创建一个正弦信号表达式的过程，介绍创建多个变量公式的操作方法。

正弦信号的函数表达式(见图 1-27)为

$$s(t)=A\sin(2\pi ft+\varphi) \tag{1-1}$$

式中，$A$ 是幅度，$f$ 是频率，$\varphi$ 是初相。

频率
s(t) = A sin(2πft + φ)
幅度
初相

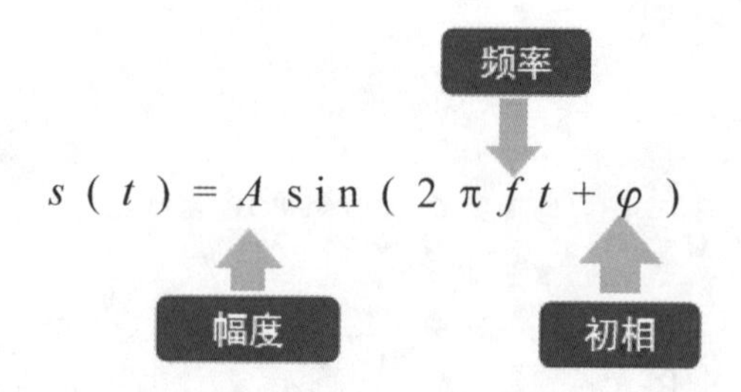

**图 1-27　正弦信号的函数表达式**

按照前面演示的过程，需要依次添加变量来创建公式。但如果发现该正弦信号公式可以基于已经创建的“SIN”函数完成，为了不做重复的公式创建工作，可以通过以下几种方式来实现对已有公式的复用。

**第一种方法：**在原来的公式上直接修改。

操作方法为在公式列表界面，首先选中要修改的公式（不要点击），如图 1－28 所示。

**图 1－28　选择公式界面示意图**

然后，长按公式名称并向左拖动，如图 1－29 所示。

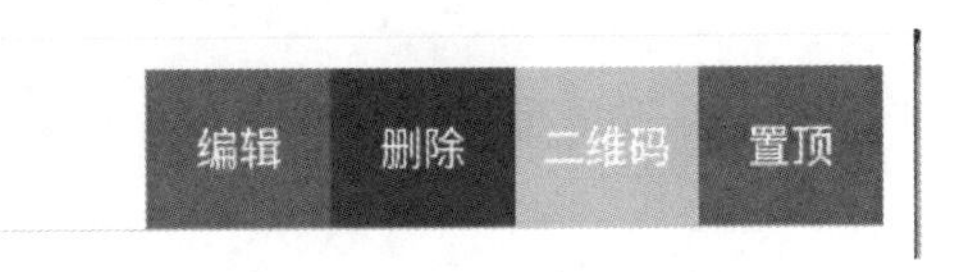


**图 1－29　公式修改示意图**

最后，点击“编辑”按钮，即可进行公式的编辑修改。

**第二种方法：**复制公式。

操作方法为进入公式计算界面，点击“复制公式”按钮即可复制一份相同的公式，如图 1－30 所示。

**图 1－30　复制公式示意图**

复制完成后回到公式列表界面，如图 1－31 所示，你会发现在公式列表中增加了一个“SIN”函数的副本，这样就可以在不改变原有函数基础上对副本函数进行修改编辑。

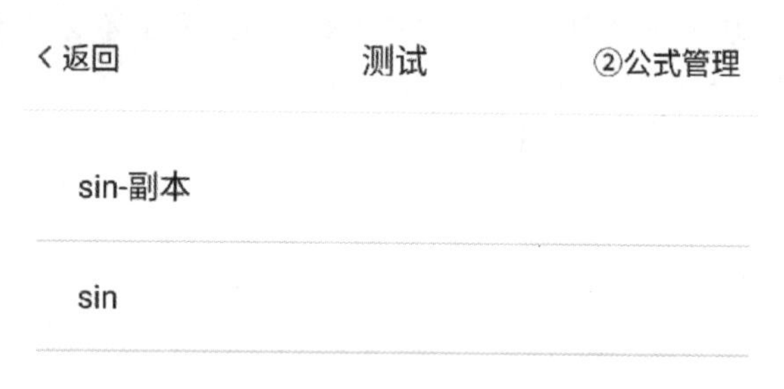


图 1-31　复制公式后的公式列表示意图

**第三种方法：**公式引用。

公式引用
操作视频

如果要在一个公式创建时引用另外一个公式作为其中的一部分，该怎么办？要解决这个问题，可以使用公式引用的方法，即在创建公式过程中直接引用已有的公式。下面采用公式引用的方法，介绍正弦信号函数表达式的创建方法。

新建公式，在进入公式编辑界面后，直接点击右上方的“引用公式”按钮（见图 1-32）。

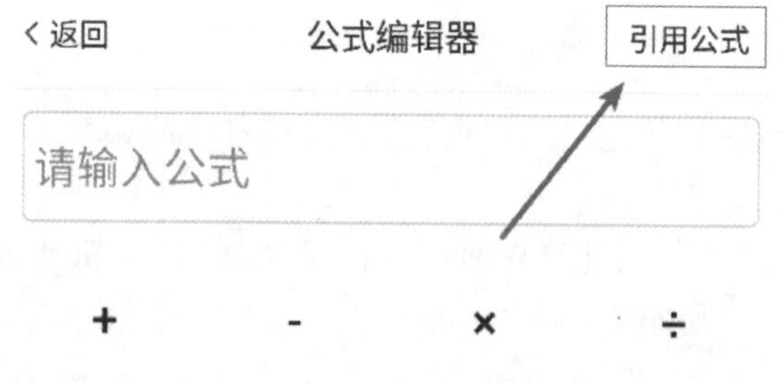


图 1-32　引用公式示意图

选择要引用的公式（见图 1-33），即可实现对已有公式的重复引用。

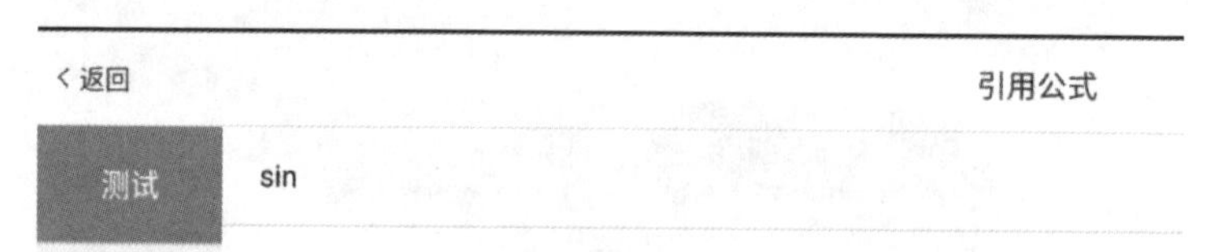


图 1-33　选择需要引用的公式示意图

正弦信号函数
表达式创建
操作视频

下面基于上述引用的“SIN”函数，把已有变量 X1 看做时间 $t$，创建一个正弦信号函数表达式。

在编辑公式区域“SIN”函数内部加入“2×π”（见图 1-34）。

注意：变量相乘需要加入乘号，变量之间的乘号不能省略（软件中“X”显示为“*”，“π”显示为“PI”。

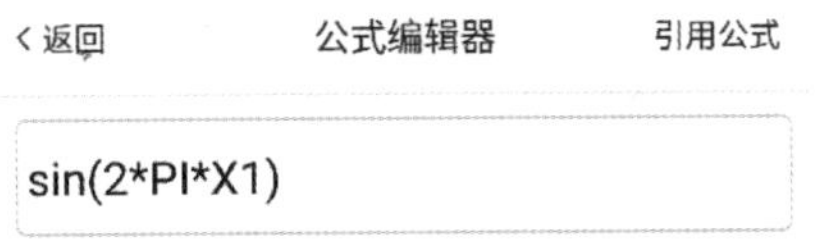

< 返回
公式编辑器
引用公式
sin(2*PI*X1)


图 1-34　编辑公式区域示意图

依次新增参数 $A$、$f$、$\varphi$，在公式编辑区域按照公式表述形式依次选择参数加入指定位置(见图 1-35)。

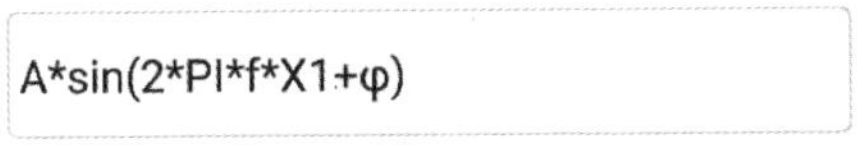

A*sin(2*PI*f*X1+φ)


图 1-35　输入公式示意图

点击“确认”按钮，输入公式名称“正弦信号函数表达式”(见图 1-36)。

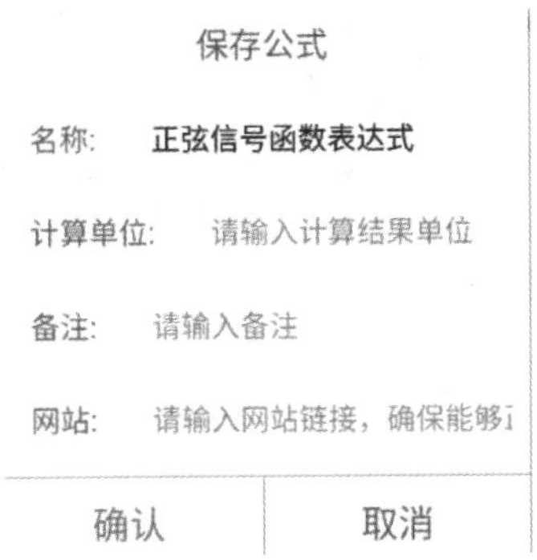

保存公式
名称:　正弦信号函数表达式
计算单位:　请输入计算结果单位
备注:　请输入备注
网站:　请输入网站链接，确保能够
确认
取消


图 1-36　输入公式名称示意图

点击“确认”按钮，完成公式创建，并进入公式计算界面，如图 1-37 所示。

正弦信号函数表达式
A*sin(2*PI*f*X1+φ)
计算
保存公式
复制公式
生成二维码


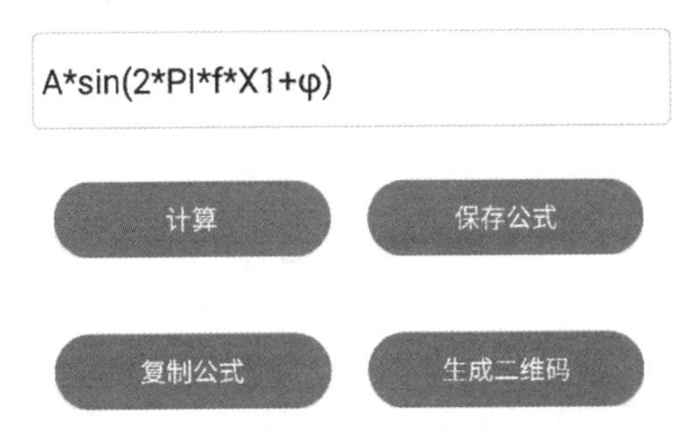

图 1-37　进入公式计算界面示意图

在公式计算界面(见图 1-37)下方参数列表中,可以直接对参数注释进行修改,通过长按也可以修改参数名称,如图 1-38 所示。

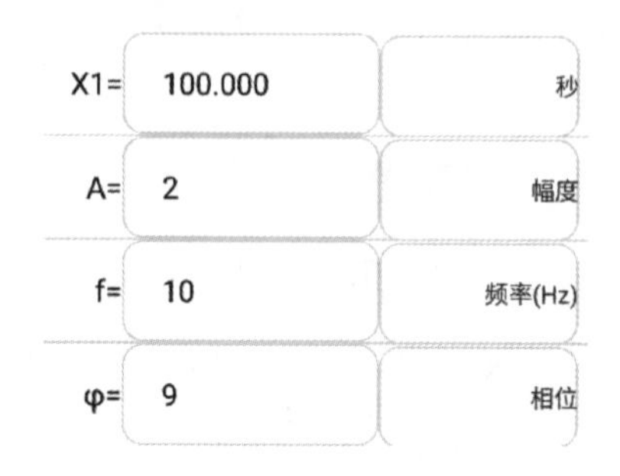


**图 1-38　参数列表示意图**

通过长按图 1-38 中变量 X1 右侧空白区域,将 X1 修改为时间变量 $t$,如图 1-39 所示,这样正弦信号函数表达式更便于理解。

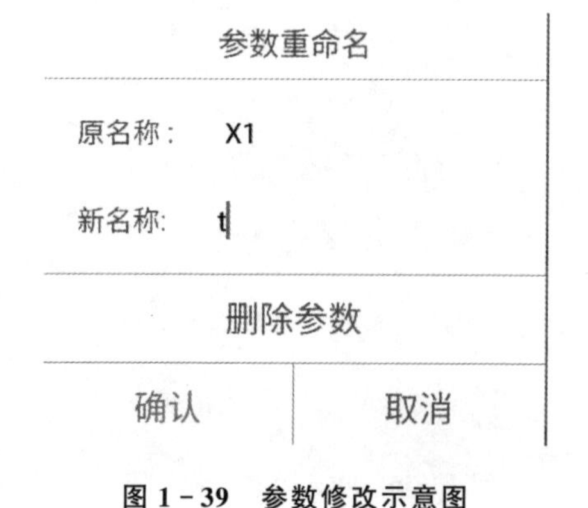


**图 1-39　参数修改示意图**

修改完成后,该公式变为如图 1-40 所示的形式。

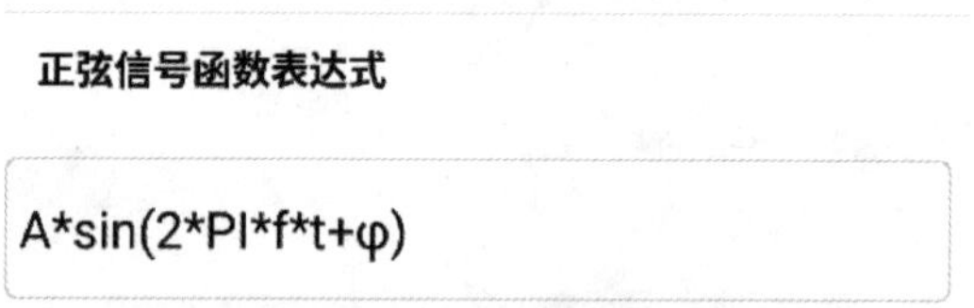

**正弦信号函数表达式**

A*sin(2*PI*f*t+φ)

**图 1-40　修改后公式示意图**

## 1.3.2　公式计算

在进行公式计算时,首先选用预定的公式,对公式中的参数进行设定,随后进行计算。此外,根据实际需求,还可选取局部区域进行调试计算,以分析局部计算结果。下面结合正弦信号函数表达式的计算实例进行介绍。

在公式计算界面下方，依次输入公式参数对应的数值，如图 1－41 所示。点击“计算”按钮，就可以查看计算结果，如图 1－42 所示。

公式计算
操作视频

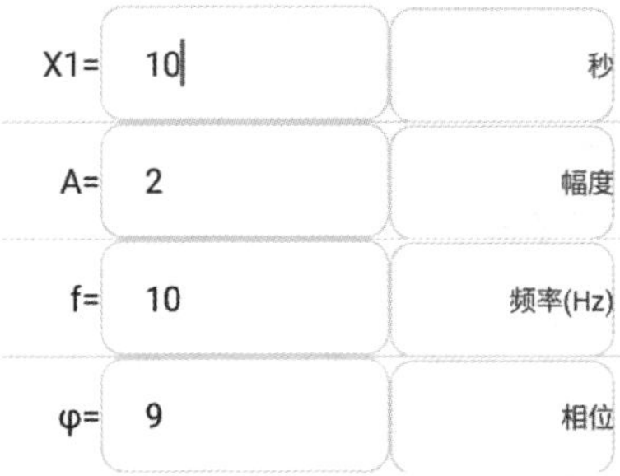

X1= 10 秒
A= 2 幅度
f= 10 频率(Hz)
φ= 9 相位

图 1－41　输入参数界面示意图

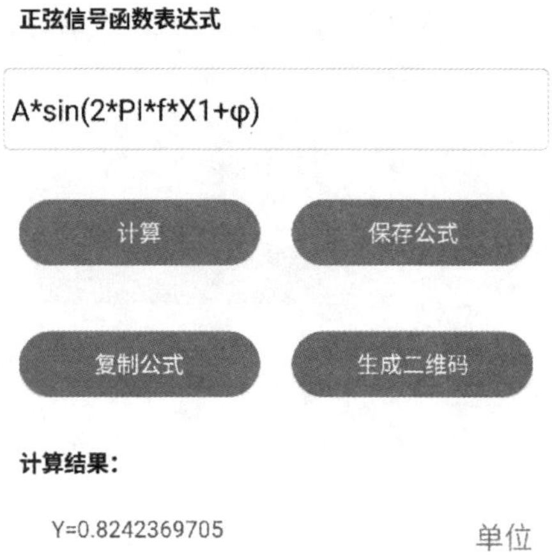

正弦信号函数表达式
A*sin(2*PI*f*X1+φ)
计算　保存公式
复制公式　生成二维码
计算结果：
Y=0.8242369705　单位

图 1－42　计算结果示意图

为了方便调试计算，还可以在快捷计算框中选中要计算的部分（见图 1－43），点击“快捷计算”按钮，得到选中部分的计算结果。

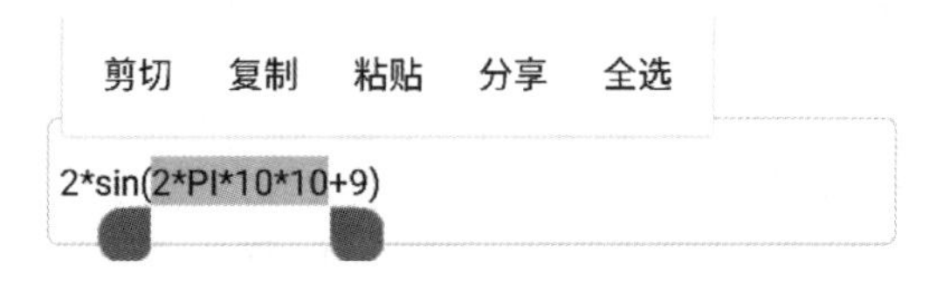

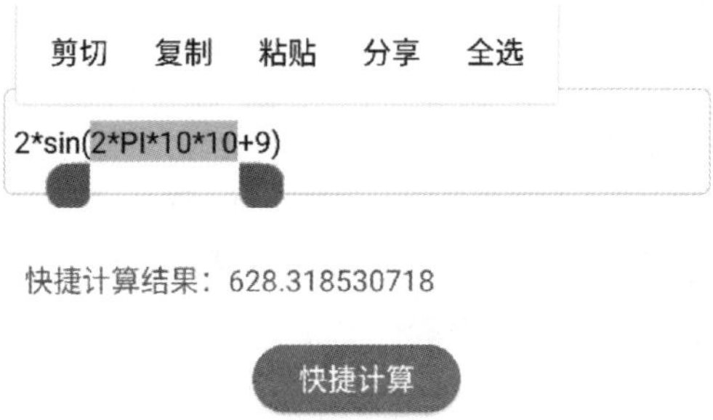

快捷计算结果：628.318530718
快捷计算

图 1－43　快捷计算示意图

## 1.3.3　公式绘图

在进行公式绘图时，可以按照以下的步骤进行：

① 根据绘图需要，选择直角坐标系或极坐标系作为绘图方式。

② 设定 $X$ 轴参数，以及参数起始值、最大值和跨度。

③ 针对多变量公式，可添加多个对比条件。

④ 绘制图像。

公式绘图需要先选择平面直角坐标系或极坐标系作为绘图方式。下面结合前述的正弦函数、正弦信号函数表达式实例进行介绍。

## 1. 进入公式

打开软件进入分类,并找到“SIN”函数公式。在进入公式之后,可以看到“绘图”“直角坐标”“极坐标”,如图 1-44 所示,这里可以根据需要选择。

绘图:

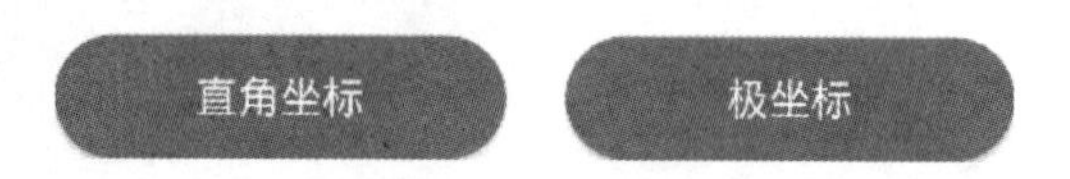


图 1-44　绘图功能示意图

值得注意的是,在绘图时,需要先看绘图基本参数(见图 1-45)。

图 1-45　绘图基本参数示意图

在后续绘图模式中的计算参数如果不进行单独设置,默认采用计算列表中的参数进行计算。

## 2. 公式绘图

### (1) 直角坐标绘图模式

点击如图 1-44 所示“直角坐标”按钮进入平面直角坐标绘图模式。此时,会显示选择 $X$ 轴的选项(见图 1-46),这里选择“X1 --弧度”作为 $X$ 轴。在选择 $X$ 轴参数后,点击“确定”按钮。

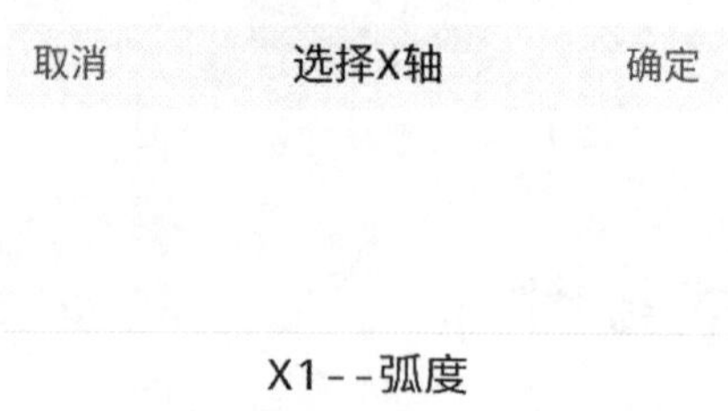

取消　　选择X轴　　确定

X1--弧度

图 1-46　选择 $X$ 轴的选项示意图

点击“确定”按钮后,会进入绘图参数设置界面(见图 1-47),需要设置选择 $X$ 轴起始值、终点值和跨度。其中,起始值表示 $X$ 轴的起始数值,终点值表示 $X$ 轴的终点数值,跨度表示数值之间的间隔。例如,起始值设置为 0,终点值设置为 10，跨度设置为 0.1，则在绘图时，$X$ 轴会按照 $X=[0,0.1,0.2,\cdots\cdots,10]$取值进行计算。绘图参数可根据实际情况设置。

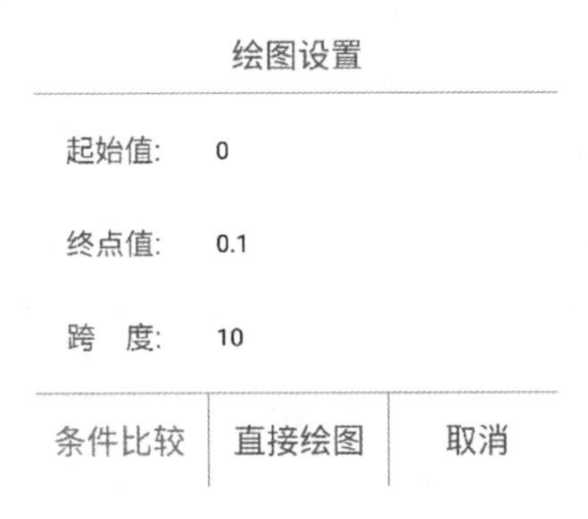


**图 1-47　设置绘图参数示意图**

$X$ 轴绘图参数设置完成后，可以选择“直接绘图”或者“条件比较”，不同之处在于直接绘图是默认其他参数固定不变，仅选择某个参数作为 $X$ 轴按照区间进行绘图；条件比较是选择某个参数作为 $X$ 轴按照设定区间赋值，但公式中的其他参数也可以设置不同的值，作为不同条件进行比较。下面依次介绍单变量直接绘图和多条件对比绘图。

① 单变量直接绘图：点击如图 1-47 所示中“直接绘图”按钮，即可进行平面直角坐标绘图，如图 1-48 所示。

直角坐标系公式直接绘图操作视频

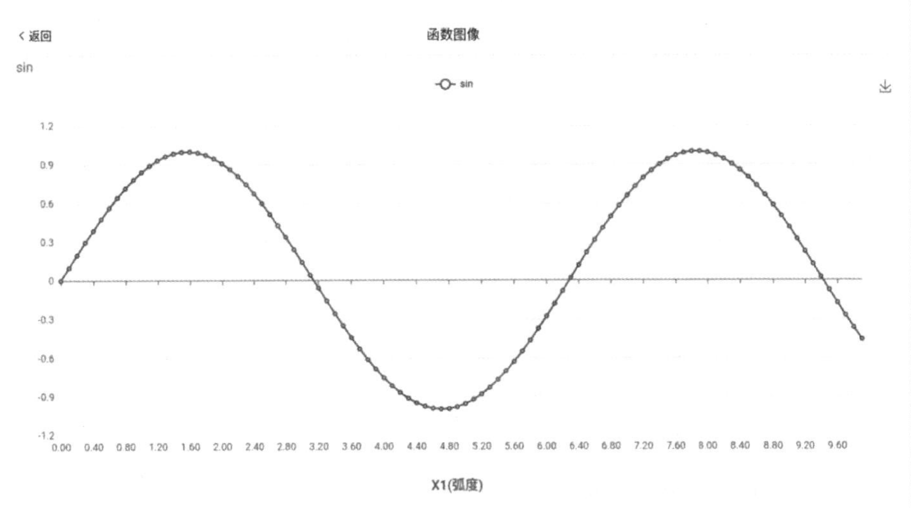


**图 1-48　平面直角坐标系直接绘图示意图**

上述介绍了单变量函数的绘图操作，可以看出，随着变量 X1 按照指定的长度和间隔变化,图像显示了计算结果的变化趋势。

直角坐标系公式
多条件对比
绘图操作视频

② 多条件对比绘图:“横看成岭侧成峰,远近高低各不同。”苏轼告诉我们只有从不同的角度去观察和思考,才能全面而真实地认识事物。由此可见,开展多条件对比绘图,对于开展效能分析是有帮助的,那怎么对多个变量进行多条件对比绘图呢?下面以正弦信号函数表达式为例,以时间 $t$ 作为 $X$ 轴进行多条件对比绘图。

在软件分类中选择正弦信号函数表达式后,在平面直角坐标绘图模式时,选择“X1 —秒”作为 $X$ 轴(见图 1 - 49),并点击“确定”按钮。

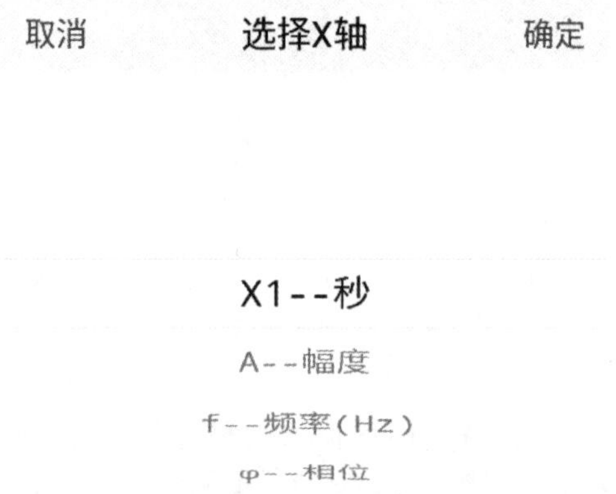

取消　　选择X轴　　确定

X1--秒

A--幅度

f--频率(Hz)

φ--相位

**图 1 - 49　选择 *X* 轴变量**

如图 1 - 50 所示输入 $X$ 轴起始值、终点值和跨度。

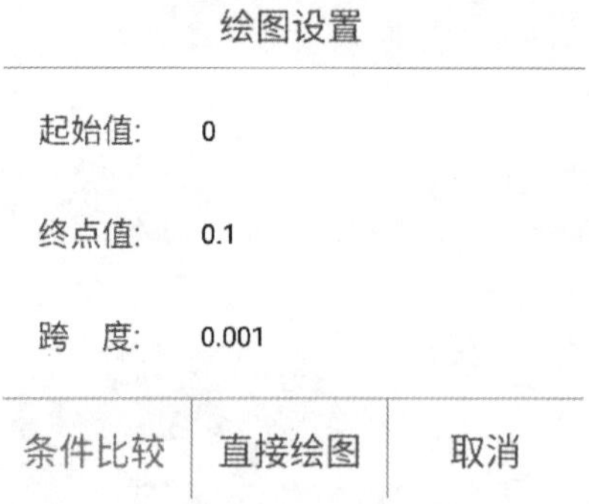

绘图设置

起始值:　0

终点值:　0.1

跨　度:　0.001

条件比较　直接绘图　取消

**图 1 - 50　绘图变量参数设置**

与平面直角坐标系直接绘图不同的是,需要在图 1 - 50 所示绘图设置时选择“条件比较”按钮,进入绘图条件设置界面(见图 1 - 51),点击右上方的“添加”按钮,即可设置绘图条件。

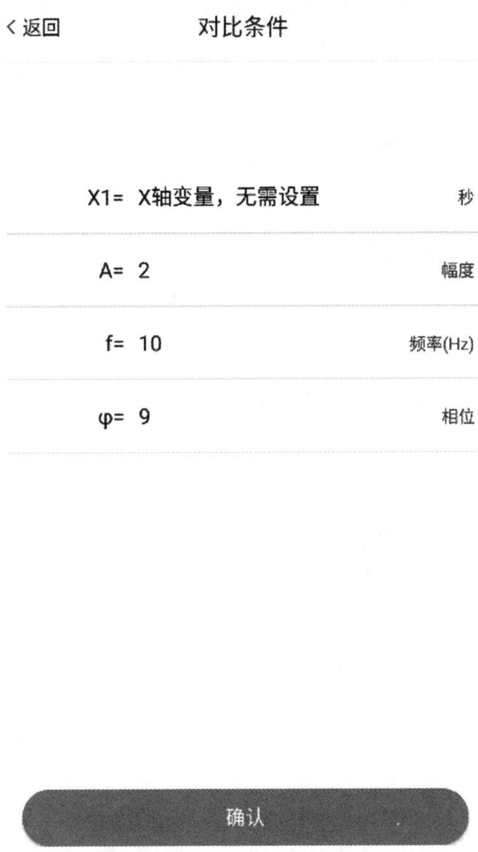

‹ 返回　　　　对比条件

X1=　X轴变量，无需设置　　秒

A=　2　　幅度

f=　10　　频率(Hz)

φ=　9　　相位

确认

图 1－51　绘图条件设置示意图

此时需设置对比条件。这里以频率 $f$ 为对比条件，设置对比条件为 $f=10$ Hz，点击“确认”按钮，即可设置完成一个对比条件数值。在点击“确认”按钮完成对比条件添加后，出现如图 1－52 所示设置对比条件名称界面。

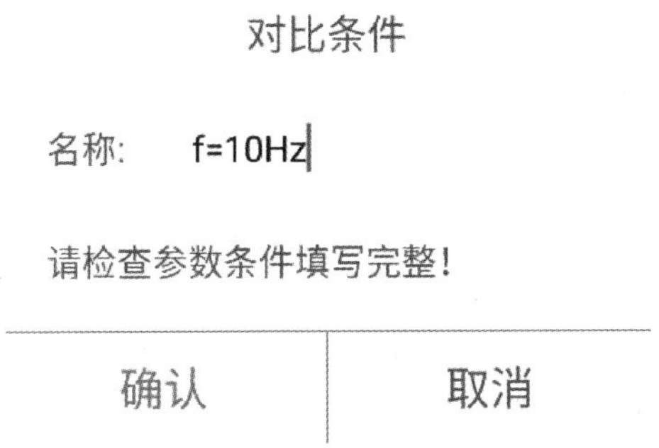

对比条件

名称:　f=10Hz

请检查参数条件填写完整！

确认　　取消

图 1－52　设置对比条件名称示意图

在设置完对比条件名称后，点击“确认”按钮则可完成对比条件的添加，如图 1－53 所示。

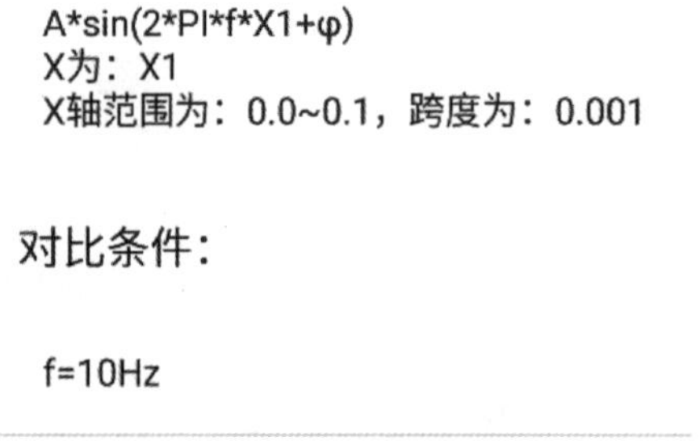

A*sin(2*PI*f*X1+φ)
X为：X1
X轴范围为：0.0~0.1，跨度为：0.001

对比条件：

f=10Hz

图 1－53　对比条件添加完成示意图

类似地，可以添加多个对比条件，如图 1－54 所示。

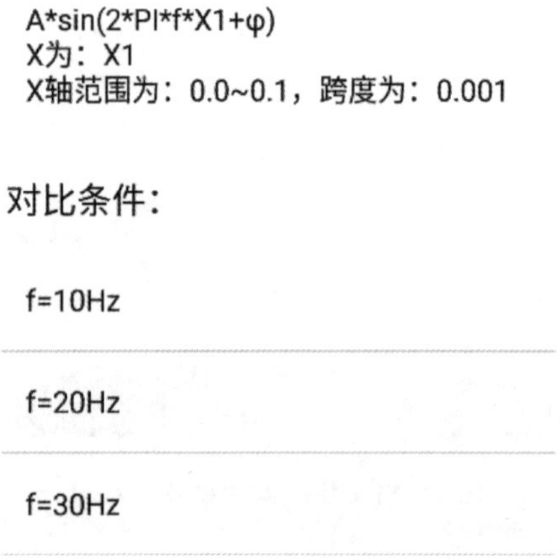

A*sin(2*PI*f*X1+φ)
X为：X1
X轴范围为：0.0~0.1，跨度为：0.001

对比条件：

f=10Hz

f=20Hz

f=30Hz

图 1－54　多个对比条件添加完成示意图

点击“绘图”按钮即可完成多条件对比绘图，如图 1－55 所示。

通过多条件绘图分析对比，可以看到，在正弦信号函数表达式中，随着时间 $t$ 的递增，在不同的频率条件下呈现出周期变换的不同，频率 $f$ 越大，对应信号的周期越小。

极坐标系
公式直接
绘图操作视频

**（2）极坐标绘图模式**

下面以一个简单的三角函数表达式为例介绍极坐标绘图。

首先，建立具有角度变量的公式。因为绘图要进行默认参数赋值，所以需要先设置默认参数值，然后点击“极坐标”按钮，如图 1－56 所示。

选择极坐标轴参数变量，并设置参数范围，如图 1－57 所示。

在设置好极坐标参数的起始值、终点值和跨度后，点击“直接绘图”按钮，即出现如图 1－58 所示极坐标系直接绘图效果。

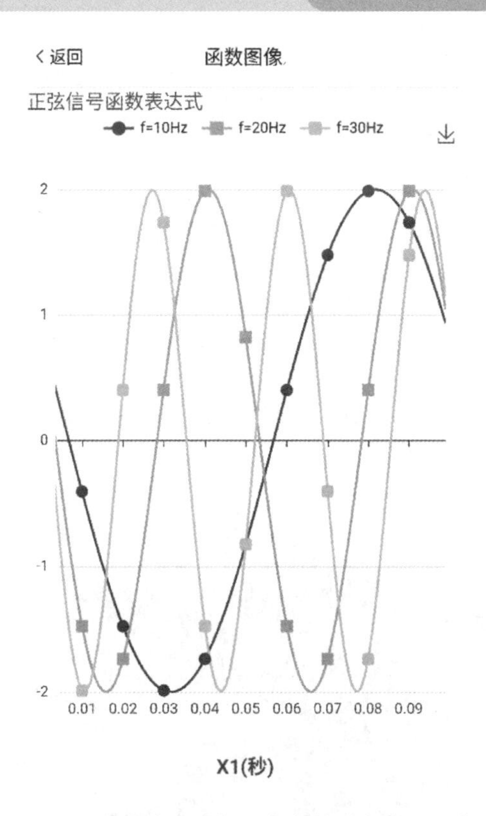


图 1-55　平面直角坐标系多条件对比绘图示意图

图 1-56　点击极坐标绘图示意图

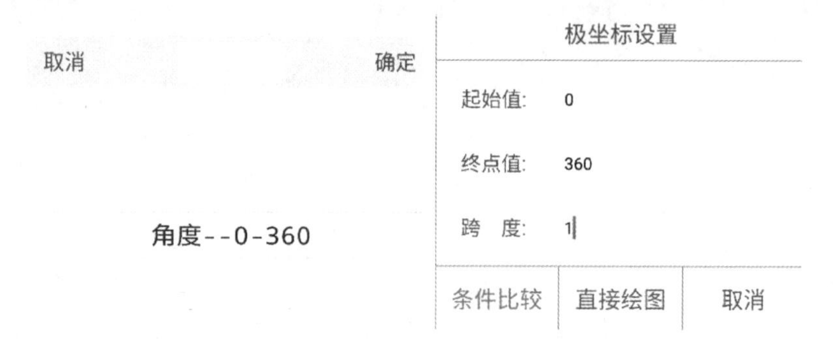


图 1-57 极坐标绘图参数选择和设置示意图

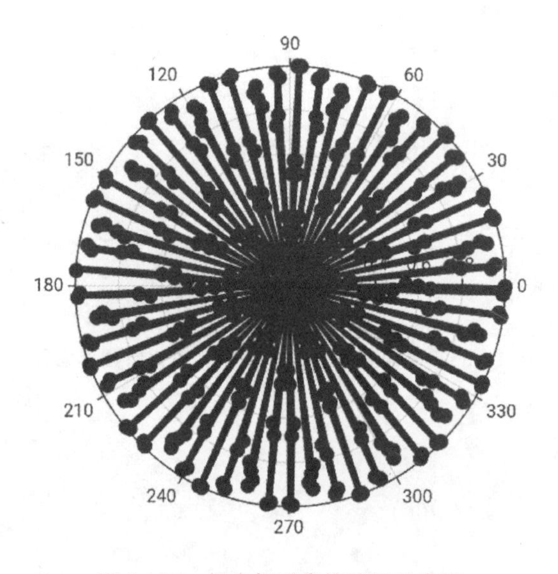


图 1-58 极坐标系直接绘图示意图

图 1-58 显示是否正确？应该是一个圆才对啊？需要注意的是，极坐标绘图时我们认为使用的是角度进行计算，但是软件默认的是使用弧度计算，因此在绘图前还需要进行设置。具体设置方法为：在软件主界面，点击"设置"按钮（见图 1-59）。

在进入设置选项后，打开"所有三角函数使用角度"（默认三角函数使用弧度计算）开关，如图 1-60 所示。

经过上述设置之后，再进行极坐标绘图，即可按照角度绘图，如图 1-61 所示。

图 1－59　点击设置按钮示意图

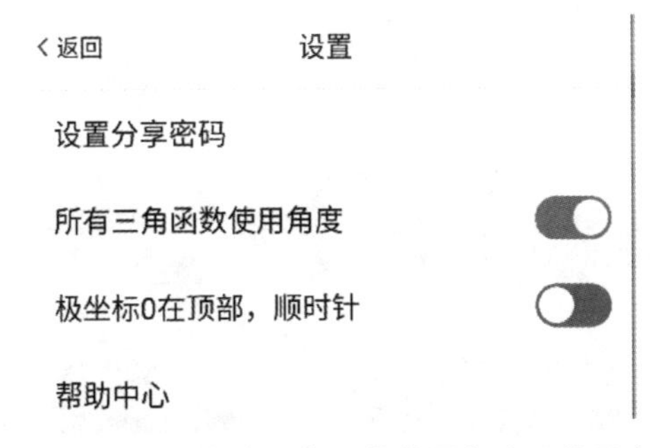


图 1－60　打开所有三角函数使用角度开关示意图

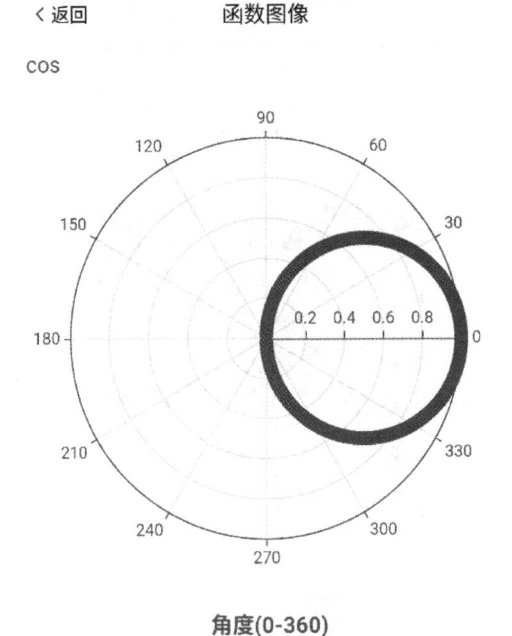


图 1－61　极坐标系按角度绘图结果示意图

### 1.3.4 公式分享

公式分享
操作视频

如果很多通用的公式都需要自己创建，那么既费时又费力，有没有一种便捷的方式可以将已经创建好的公式分享给他人？为了解决这个问题，绘算软件提供了两种便捷的公式分享方式，即二维码分享和文本分享。

#### 1. 二维码分享

二维码分享是指分享者将公式内容以二维码的形式呈现出来，使用者通过扫描二维码就可以识别公式并导入软件。下面，我们结合实例进行介绍。

进入软件中的公式列表，选择要分享的的公式，点击"生成二维码"按钮（见图1-62），软件会将公式转换为二维码的图片（见图1-63），并在软件界面上显示出来。

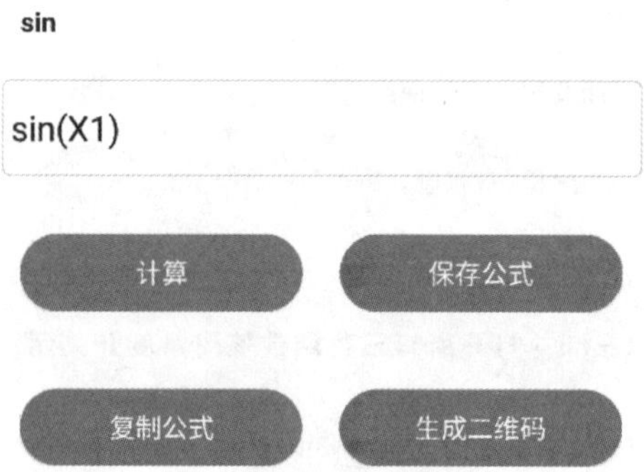

图1-62 点击生成二维码示意图

图1-63 生成的公式二维码图片示意图

在如图 1－63 所示生成二维码图片界面点击“保存”按钮，这样生成的公式二维码图片就保存在手机相册中，以备后续使用。那么，其他用户怎么通过公式二维码导入公式呢？具体的操作方法如下：

进入软件中的公式管理列表，点击“公式管理”按钮，并选择“扫码添加公式”(见图 1－64)。点击“确定”按钮后，即可进入扫码界面(见图 1－65)。

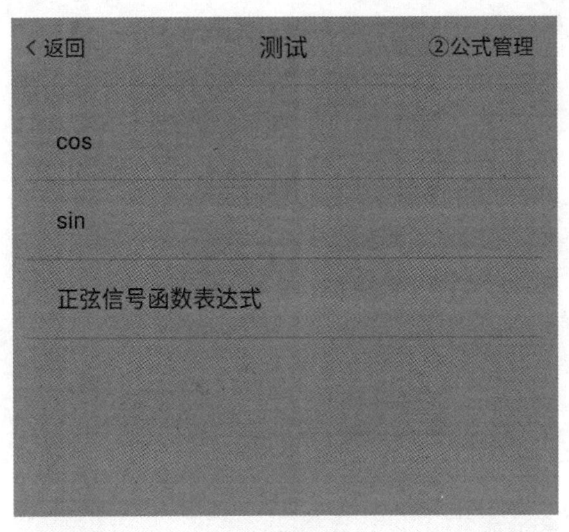


**图 1－64　公式管理列表操作示意图**

可以直接将手机摄像头对准公式二维码进行扫描，也可以通过相册选择，从本地导入公式二维码图片进行公式识别，即可实现公式的导入，如图 1－66 所示。

图 1-65　扫码界面示意图

图 1-66　扫描公式二维码示意图

## 2. 文本分享

文本分享是把公式内容以文本的形式分享给其他使用者，需要分享者把公式内容复制后发送给使用者，使用者再把公式文本内容导入到软件。

下面，我们结合实例进行介绍。进入软件中的公式计算界面（见图 1-67），点击界面右上方“分享”按钮后，会有“已复制到粘贴板，请分享给您的好友”的提示。粘贴板中的内容为：

{"des":"","formula":"sin(X1)","id":0,"name":"sin","params":[{"content":"14.900","des":"弧度","paramName":"X1","pickerViewText":"X1 —弧度"}],"sort":"测试","unit":"","website":""}

主要包括了公式的表述内容、参数名称和参数数值等。

分享者将以上内容发送给使用者就可以了。使用者在复制上述公式完整内容后，在软件中公式列表的右上方点击“公式管理”按钮，并选择“添加单个公式”（见图 1-68）。

图 1－67　点击分享示意图

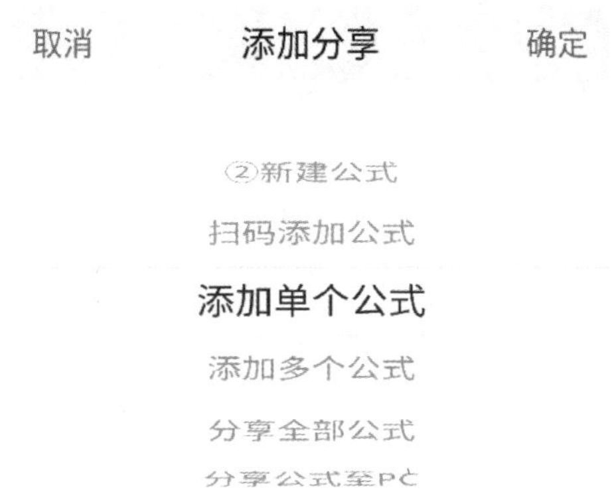

取消　　添加分享　　确定

②新建公式

扫码添加公式

添加单个公式

添加多个公式

分享全部公式

分享公式至PC

图 1－68　添加单个公式示意图

在出现“新增公式”界面后，将公式文件内容粘贴到界面中“内容”位置(见图 1－69)，点击“确认”即可。

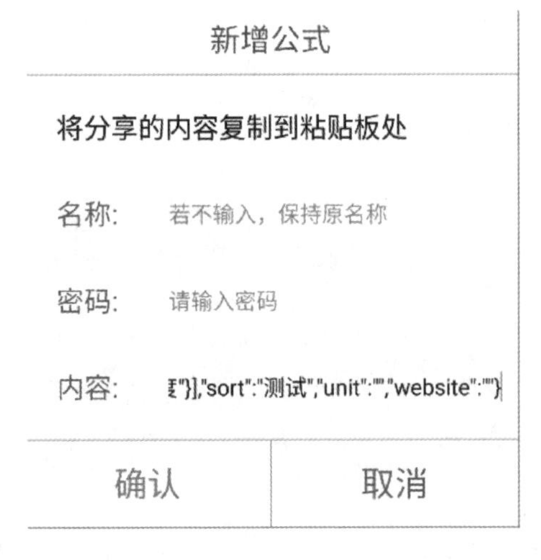


**图 1－69　粘贴分享文本示意图**

批量分享公式操作视频

有人可能还会问：“每个公式都要这样分享吗？如果我有 100 个公式需要分享，需要这样操作 100 次吗？能不能批量分享呢？”

当有多个公式需要同时分享时，绘算软件还可以对同一分类下面的所有公式进行批量分享。具体操作方法是：在软件中的公式列表界面，点击右上方“公式管理”按钮，并选择“分享全部公式”(见图 1－70)。

取消　添加分享　确定
扫码添加公式
添加单个公式
添加多个公式
分享全部公式
分享公式至PC

**图 1－70　分享全部公式示意图**

在如图 1－70 所示界面中点击“确定”按钮后，软件会提示保存到的目录名称和公式文本文件名称。在批量添加公式前，需要把批量分享的公式文本文件保存到手机绘算软件的文件目录下，然后在软件中的公式列表界面，点击右上方“公式管理”按钮，并选择“添加多个公式”(见图 1－71)。

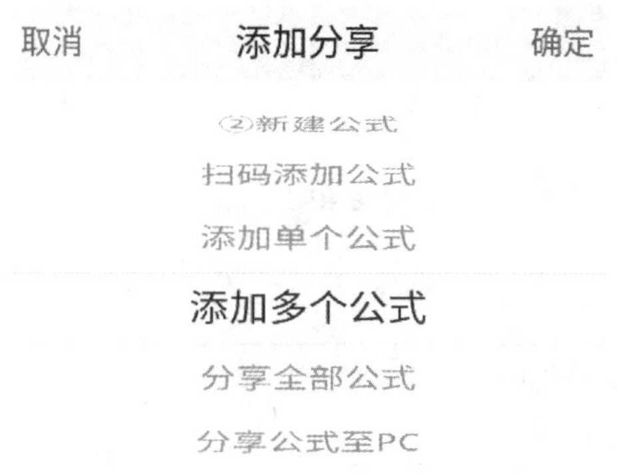

取消　　添加分享　　确定

②新建公式

扫码添加公式

添加单个公式

添加多个公式

分享全部公式

分享公式至PC

图 1-71　添加多个公式示意图

在如图 1-71 所示界面中点击“确定”按钮后，得到如图 1-72 所示界面。此时，在手机目录找到分享的目录和公式文本文件，软件会提示“添加公式”和“输入密码”，这是怎么回事呢？这里要再介绍一下软件的设置，在软件“设置”里面可以“设置分享密码”（见图 1-73）。

≡　测试

SM-A5360 > 公式绘算助手 > 测试

测试 中的文件

图 1-72　目录中的公式文本文件示意图

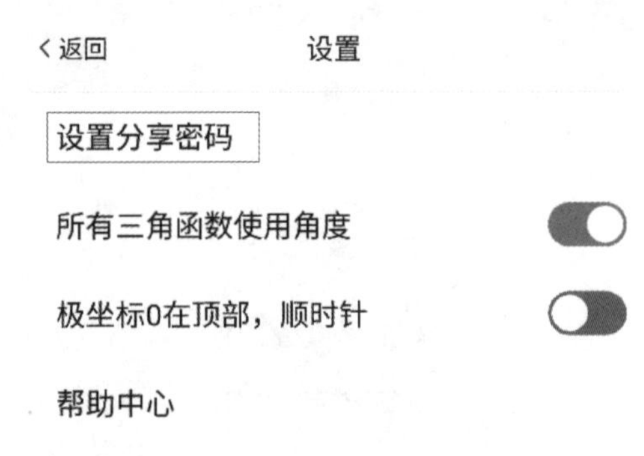


图 1－73　设置分享密码示意图

如果设置了分享密码，使用者必须在导入公式时，输入分享密码才能导入公式。如果没有设置密码保护，则不用输入密码，直接点击“确认”按钮即可完成公式的批量导入。

到此为止，本章对绘算软件主要功能、工作流程和操作使用方法介绍完毕，你是否掌握了绘算软件的使用方法呢？如果你已经熟练掌握了从无到有的公式创建方法，可以根据自己的需要建立各种公式，那要恭喜你可以更加顺利地开展后面章节的学习应用了。

## 思考题

1.1　绘算软件的主要功能包括哪些内容？

1.2　当首次使用绘算软件时，在公式创建前需要进行哪些操作？

1.3　极坐标模式绘图时需要注意哪些事项？

1.4　如何对公式进行加密和解密？

1.5　如何进行批量公式分享？

# 第2章　雷达基本工作参数原理与计算分析

在当今科技领域,雷达作为极其重要的探测与监测工具,能够完成探测目标的位置速度、监测天气变化以及为导航提供精准的信息等多种任务。雷达要出色地完成这些不同的任务,关键在于运用不同的工作参数,包括雷达的工作频率、脉冲宽度、脉冲重复频率(周期)、天线增益、天线有效孔径和峰值功率等参数。例如,工作频率决定了雷达波与目标的相互作用效果,从而影响探测的精度和深度;脉冲宽度则直接关系到雷达的距离分辨率和最大作用距离。为了帮助读者更直观清晰地理解这些参数的作用和影响,本章通过基本原理描述与实例计算分析相结合的方式,让读者能够快速掌握雷达基本工作参数的内涵和实际应用。

## 2.1　工作频率

### 2.1.1　原理描述

频率是指在单位时间内完成周期性变化的次数。在物理学中,它通常以赫兹(Hz)为单位来衡量,我们在日常生活中也常常与其打交道,比如,家庭用电的频率在中国通常是 50 Hz,这意味着电流的方向和大小每秒钟会变化 50 次;家里的 Wi-Fi 路由器通常工作在 2.4 GHz 或 5 GHz 的频率上;在手机通信中,不同的运营商和网络制式也有各自特定的频率范围,只有手机和基站的频率匹配,才能顺利地打电话、上网和收发信息。这些例子都表明,频率就像一个独特的"身份标识",决定了各种信号能否被准确接收和使用。

在雷达中也是如此,工作频率是雷达的主要技术参数之一。雷达的工作依赖于电磁波的发射和接收,特定的电磁频率决定了雷达能否有效地探测到目标,高频与低频的选择和应用直接影响着雷达的性能和功能。使用高频的电磁波,如毫米波,具有更高的分辨率,这意味着雷达能够更精确地识别和定位小尺寸的目标,对于探测细微物体或进行高精度的测量非常有帮助。因此,在航空航天领域,高频雷达可以用于检测飞行器表面的微小缺陷。而使用较低频率的电磁波在传播过程中能够穿透一些障碍物,如云层、雾气等,这使得低频雷达在恶劣天气条件下仍能保持较好的探测能力,确保对目标的持续监测。

此外,不同频率的雷达还适用于不同的距离范围。高频雷达适用于短距离的精确探测，如在汽车防撞雷达中，能及时发现近距离的障碍物；而低频雷达则可以实现远距离的目标搜索，如用于远程预警雷达系统，可提前发现远方的来袭目标。通过改变雷达发射电磁波的频率，还可以实现多频段探测，获取更全面、更准确的目标信息，这种多频段的应用大大提高了雷达的适应性和可靠性。因此，不同用途的雷达工作在不同的频率上。常用的雷达频率范围为220 MHz～35 GHz，而实际雷达的工作频率都超出了上述范围。例如，天波超视距(OTH)雷达的工作频率为 4 MHz 或 5 MHz，地波超视距雷达的工作频率只有 2 MHz，而毫米波雷达的工作频率高达 94 GHz。工作频率不同的雷达在工程实现时差别很大。雷达的工作频率和电磁波频谱如图 2－1 所示。

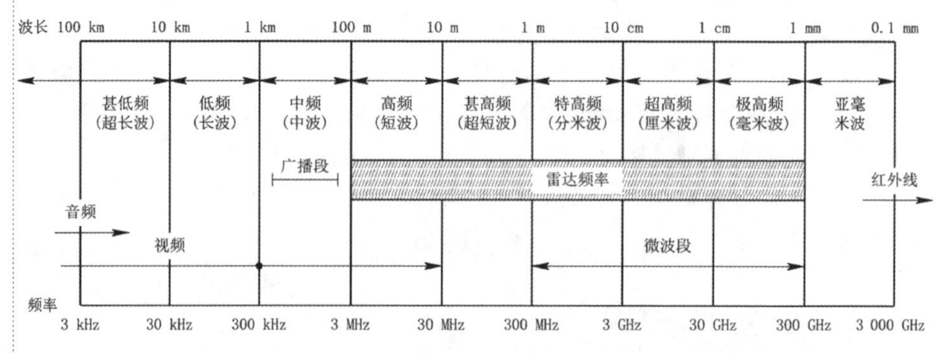


**图 2－1　雷达频率和电磁波频谱**

目前在雷达技术领域中，常用频段(或波段)的名称用 L、S、C、X 等英文字母来命名。这种命名方法是在第二次世界大战中一些西方国家为了保密而采取的措施，以后就一直沿用下来。这种用法在实践中被雷达工程师们所接受，我国也经常采用。

波长是电磁波在一个周期内传播的距离，频率与波长的关系如图 2－2 所

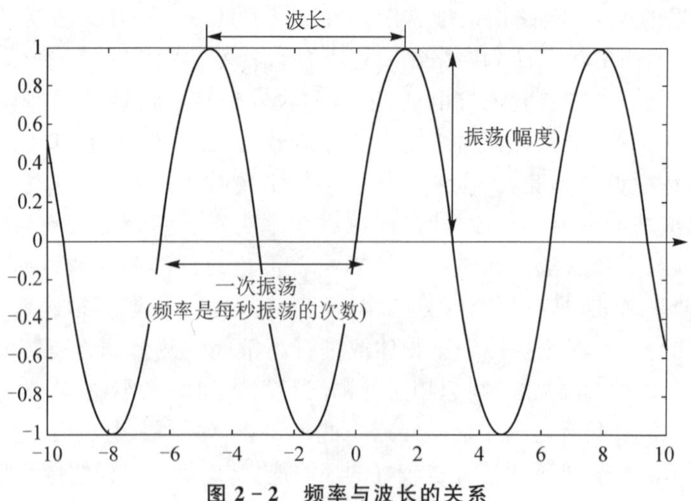


**图 2－2　频率与波长的关系**

示，雷达频段与频率和波长的对应关系如表 2－1 所列。每个频段都有其自身特有的性质，从而使它比其他频段更适合于某些应用。电磁波波长与频率之间的关系为

$$f \cdot \lambda = c \tag{2-1}$$

式中，$f$ 为频率，单位 Hz；$\lambda$ 为波长，单位 m；$c$ 为光速，且 $c=3\times10^8$ m/s。

**表 2－1　雷达频段与频率和波长的对应关系**

| 频段名称 | 频率 | 波长 | 国际电信联盟分配的雷达频段 |
|---|---|---|---|
| HF(高频) | 3～30 MHz | 100～10 m | |
| VHF(甚高频) | 30～300 MHz | 10～1 m | 138～144MHz<br>216～225 MHz |
| UHF(超高频) | 300 MHZ～1 GHz | 100～30 cm | 420～450 MHz<br>850～942 MHz |
| L | 1～2 GHz | 30～15 cm | 1 215～1 400 MHz |
| S | 2～4 GHz | 15～7.5 cm | 2 300～2 500 MHz<br>2 700～3 700 MHz |
| C | 4～8 GHz | 7.5～3.75 cm | 5 250～5 925 MHz |
| X | 8～12 GHz | 3.75～2.5 cm | 8 500～10 680 MHz |
| Ku | 12～18 GHz | 2.5～1.7 cm | 13.4～14.0 GHz<br>15.7～17.7 GHz |
| K | 18～27 GHz | 1.7～1.1 cm | 24.05～24.25 GHz |
| Ka | 27～40 GHz | 1.1～0.75 cm | 33.4～36 GHz |
| V | 40～75 GHz | 0.75～0.4 cm | 59～64 GHz |
| W | 75～110 GHz | 0.4～0.27 cm | 76～81 GHz<br>92～100 GHz |
| mm | 110～300 GHz | 2.7～1 mm | 126～142 GHz<br>144～149 GHz<br>231～235 GHz<br>238～248 GHz |

## 2.1.2　计算分析

### 1. 计算实例

当波长为 3 m 时计算工作频率，例题参数如表 2－2 所列。

根据式(2-1)可得

$$f=\frac{c}{\lambda}=\frac{3\times 10^8}{3}=100\ \text{MHz}$$

故波长为 3 m 的电磁波对应的频率为 100 MHz。

以上公式中参数含义及单位如表 2-3 所列。

表 2-2　例题参数表

| 参数名称 | 参数数值 |
|---|---|
| 波长 $\lambda$/m | 3 |
| 光速 $c$/(m·s$^{-1}$) | $3\times 10^8$ |
| 频率 $f$/Hz | ? |

表 2-3　公式参数表

| 参数变量 | 参数含义 | 单　位 |
|---|---|---|
| $\lambda$ | 波长 | m |
| $c$ | 光速 | m/s |
| $f$ | 频率 | Hz |

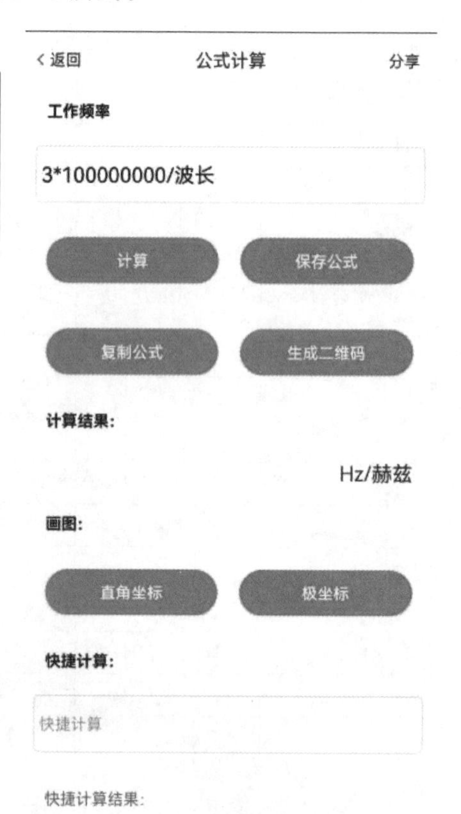


图 2-3　频率与波长关系公式计算示意图

## 2. 软件操作流程

使用手机绘算软件进入“公式管理”界面，选择“扫码添加公式”，扫描公式二维码，进入如图 2-3 所示界面，点击“计算”按钮即可得出数值。

频率与波长关系公式计算二维码

## 3. 变量关系绘图分析

绘制波长在 0.1 m 至 1 m 区间内工作频率的变化。

绘图：选择 $x$ 轴变量，设置起始值、最大值以及跨度，并选择“直角坐标”或“极坐标”，多变量绘图时需添加条件，点击绘图，如图 2-4 所示。

从图 2-4 可以看出，电磁波的频率越高，波长越短，频率与波长成反比关系。通过灵活选择合适的频率，雷达不仅能在广阔的天空中“一眼万年”，洞察细微，还能在复杂的环境中“洞若观火”，精准导航。理解了工作频率与波长之间的关系，我们就能更好地把握雷达性能优化的钥匙，解锁更多科技创新的可能。

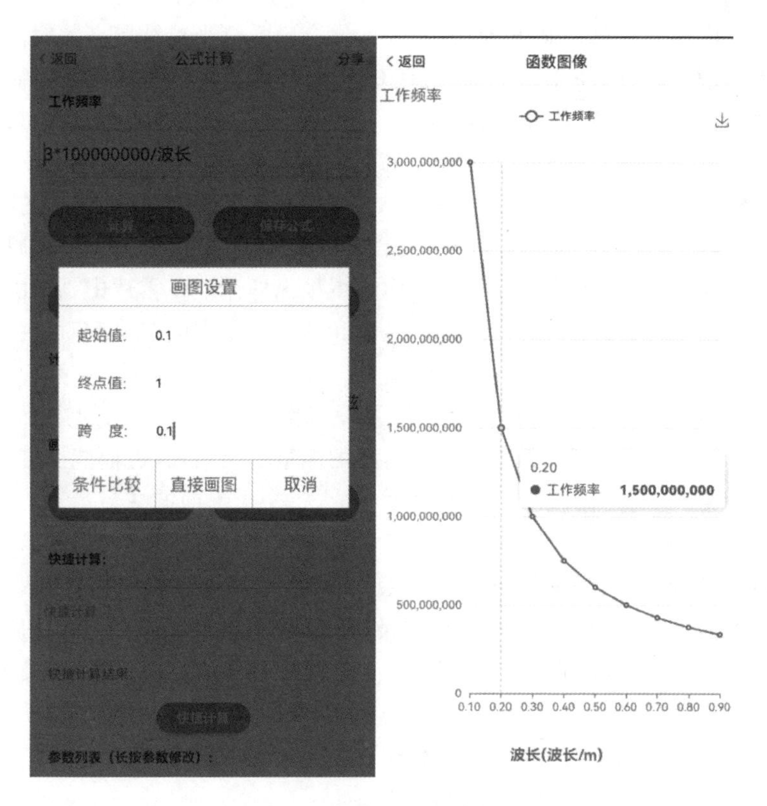


图 2－4　频率与波长的关系绘图

# 2.2　脉冲宽度

## 2.2.1　原理描述

脉冲宽度(简称脉宽)是一个至关重要的参数。它如同雷达信号的“心跳”时间,决定着雷达的性能和表现。脉冲宽度是发射脉冲信号的持续时间,用 $\tau$ 表示。脉冲重复周期是相邻两个脉冲之间的时间间隔,一般用 $T$(或 $T_r$)表示,如图 2－5 所示。

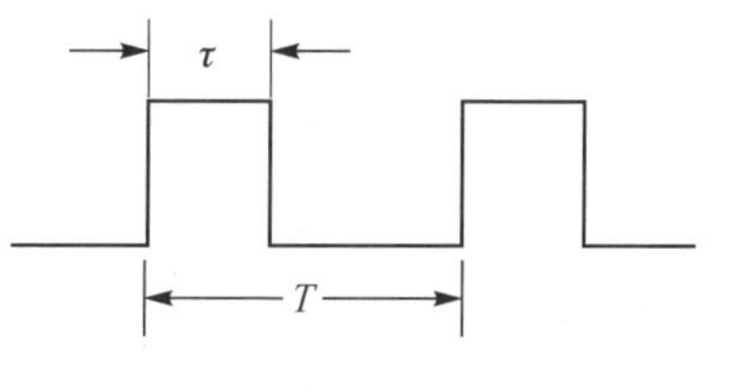


图 2－5　脉宽原理

想象一下,你正在参加一场灯光秀活动,灯光快速闪烁的节奏就类似于脉冲重复周期,而每次灯光亮起持续的时间就好比脉冲宽度。假设灯光每 5 秒钟闪烁一次,那么 5 s 即脉冲重复周期;若每次灯光亮起持续 1 s,那么 1 s

即脉冲宽度。如果脉冲宽度较长，如 3 s，你会感觉灯光持续照亮的时间更久，看得更清楚；如果脉冲宽度较短，只有 0.5 s，你可能会觉得灯光一闪而过，看得不太真切。再比如，你在观看一场烟花表演，烟花绽放的间隔时间可以看作脉冲重复周期，而每次烟花绽放持续的时长就是脉冲宽度。如果烟花绽放的间隔较短，脉冲重复周期小，你会感觉烟花很密集；而每次烟花绽放的时间长短不同，也就对应着不同的脉冲宽度，较长的脉冲宽度会让你更充分地欣赏到烟花的美丽，较短的脉冲宽度则会让你觉得稍纵即逝。在雷达中，脉冲宽度和脉冲重复周期的合理设置，就如同灯光秀和烟花表演中的节奏和时长控制，影响着雷达对目标的探测效果和准确性。

脉冲宽度属于对雷达探测距离以及距离分辨力产生影响的主要因素之一。当脉冲宽度增大时，所发射脉冲信号的能量也会增加，进而能够使雷达的探测距离得以扩大；而若减小脉冲宽度，那么每个目标回波在显示器的时间基线上所占据的宽度就会变窄，这样一来，距离相近的两批目标的回波就更易于区分，便于明确批次以及判别目标数量。因此，脉冲宽度较窄时，雷达的距离分辨力就高。另外，在脉冲宽度窄的情况下，显示器上主波所占据的宽度也窄，这对探测近距离的目标是有利的。在现代雷达中，存在多种脉冲宽度和调制波形可供工作时进行选择。占空比作为一个重要参数，与脉冲宽度和脉冲重复间隔有关，它指的是脉冲宽度和脉冲重复周期的比值，用 $D$ 表示，其计算公式为

$$D=\frac{\tau}{T} \tag{2-2}$$

## 2.2.2 计算分析

### 1. 计算实例

计算当脉冲宽度为 0.5 μs、脉冲周期为 100 μs 时信号的占空比，例题参数如表 2-4 所列。

表 2-4 例题参数表

| 参数名称 | 参数数值 |
| --- | --- |
| 占空比 $D$ | ? |
| 脉宽 $\tau/\mu s$ | 0.5 |
| 脉冲重复周期 $T/\mu s$ | 100 |

根据式(2-2)可得

$$D=\frac{\tau}{T}=\frac{0.5}{100}=0.005$$

故当脉宽为 0.5 μs、脉冲重复周期为 100 μs 时，信号的占空比为 0.005。

以上公式中参数含义及单位如表 2-5 所列。

**表 2-5　公式参数表**

| 参数变量 | 参数含义 | 单　位 |
|---|---|---|
| $D$ | 占空比 | — |
| $\tau$ | 脉冲宽度 | μs |
| $T$ | 脉冲重复周期 | μs |

## 2. 软件操作流程

使用手机绘算软件进入“公式管理”界面，选择“扫码添加公式”，扫描公式二维码，进入如图 2-6 所示界面，点击“计算”按钮即可得出数值。

占空比公式计算二维码

图 2-6　占空比公式计算示意图

## 3. 变量关系绘图分析

① 绘制当脉冲宽度为 0.5 μs 的情况下，脉冲重复周期由 100 μs 增加至 500 μs 时占空比的变化。

绘图:选择 $x$ 轴变量,设置起始值、最大值以及跨度,并选择“直角坐标”或“极坐标”,多变量绘图时需添加条件,点击绘图,如图 2-7 所示。

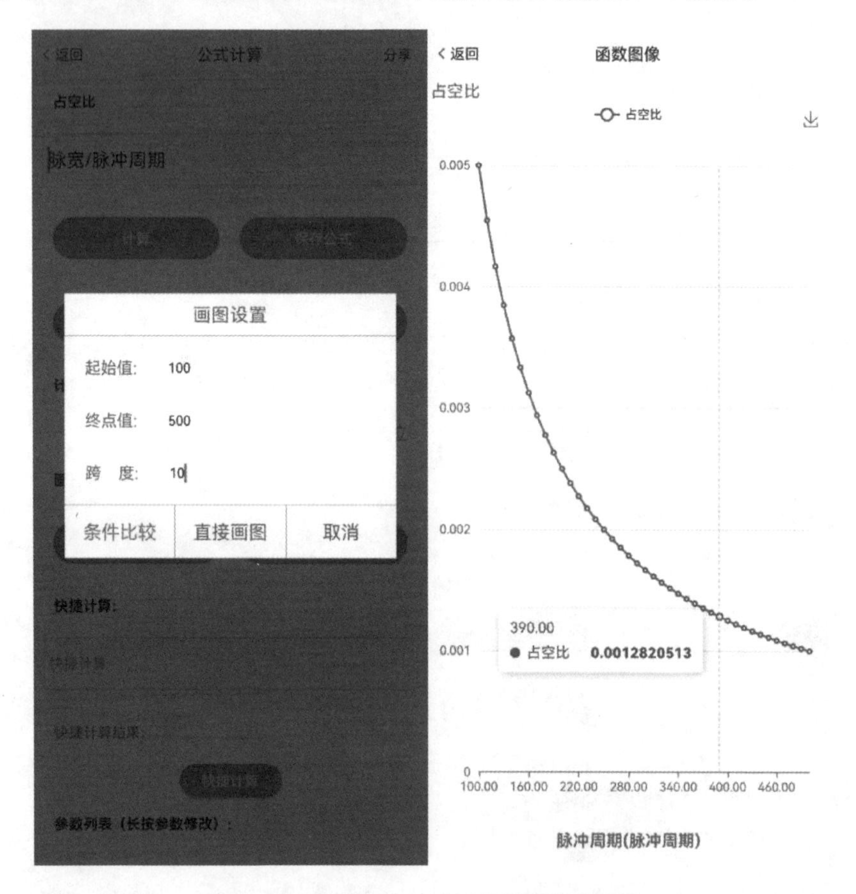


**图 2-7　脉宽不变脉冲重复周期变化绘图**

② 绘制当脉冲重复周期为 100 μs 的情况下,脉宽由起始值 1 μs 增加到 3 μs 时占空比的变化。绘图结果如图 2-8 所示。

较高的占空比意味着雷达在单位时间内有更多的时间处于发射状态,能传递更多的能量,但也可能带来发热等问题;较低的占空比则相对节能,但在某些情况下可能影响探测效果。在实际的雷达应用中,选择合适的脉宽和占空比需要综合考虑多种因素。例如,在搜索远距离目标时,可能会优先选择较宽的脉宽和适当的占空比来确保足够的探测距离;而在需要高精度测距或分辨多个近距离目标的场景,则会倾向于选择较窄的脉宽和相应调整的占空比。总之,雷达脉宽和占空比的计算与选择是一个精细的平衡过程,需要根据具体的应用需求和雷达系统的性能特点来进行优化。

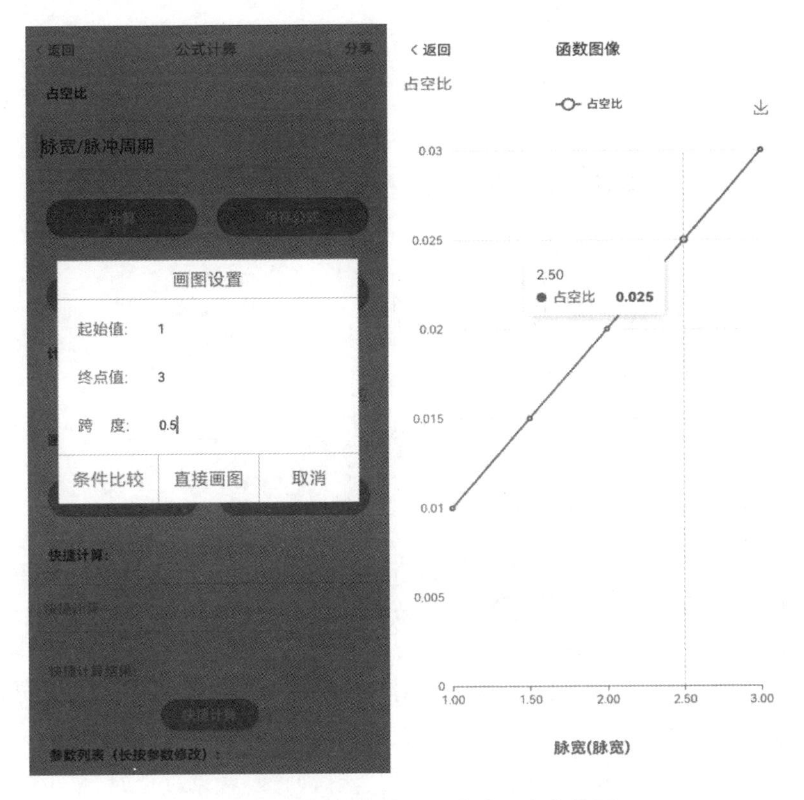


图 2－8　脉冲重复周期不变脉宽变化绘图

# 2.3　脉冲重复频率

## 2.3.1　原理描述

脉冲重复频率是雷达每秒钟发射的射频脉冲个数，一般用 $F$（或 $F_r$）表示，反映了雷达脉冲信号的"心跳"速度有多快。假设你正在观看一场舞台上的闪光灯表演，闪光灯闪烁的快慢就类似于脉冲重复频率。比如，闪光灯每秒钟闪烁 10 次，这意味着脉冲重复频率是 10 Hz。此时你会看到灯光快速地闪烁，能清晰地感受到强烈的节奏和动态效果。在雷达中，脉冲重复频率的高低，就类似闪光灯闪烁的速度，决定了雷达获取信息的快慢和连续性，从而影响其对目标的探测和跟踪能力。

脉冲重复频率的倒数即为脉冲重复周期，一般用 $T$（或 $T_r$）表示，为雷达发射两个相邻脉冲之间的时间间隔。形象地说，它就是雷达脉冲信号"一次心跳"到"下一次心跳"之间的时间停顿。脉冲重复频率与脉冲重复周期的关系

式为

$$F=\frac{1}{T} \tag{2-3}$$

雷达的脉冲重复频率一般为几十赫兹至几千赫兹，相应的脉冲重复周期为 500～20 000 μs。脉冲重频原理如图 2-9 所示。

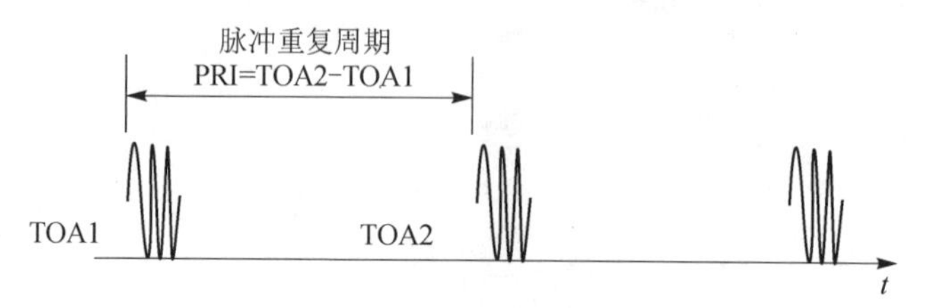


**图 2-9　脉冲重频原理**

发射脉冲信号之间的间歇时间，是雷达接收回波信号的时间，因此雷达的脉冲重复周期必须同雷达的距离探测范围相适应。也就是要保证在距离探测范围内，最远的目标回波信号能在下一个发射脉冲信号发出之前返回雷达。因此，探测距离较远的雷达，其脉冲重复周期必须较长，或者说脉冲重复频率必须较低。

但是，脉冲重复频率也不能太低。因为脉冲重复频率过低时，单位时间内从同一个目标反射回来的回波信号次数太少，荧光屏上的回波不够清晰，从而影响对远距离目标的发现。

## 2.3.2　计算分析

### 1. 计算实例

当脉冲重复频率为 100 Hz 时，计算脉冲重复间隔，例题参数如表 2-6 所列。

**表 2-6　例题参数表**

| 参数名称 | 参数数值 |
| --- | --- |
| 脉冲重复间隔 $T$/s | ? |
| 脉冲重复频率 $F$/Hz | 100 |

根据式(2-3)可得

$$T=\frac{1}{F}=\frac{1}{100}=0.01\ \text{s}$$

故当脉冲重复频率为 100 Hz 时，脉冲重复周期为 0.01 s。

以上公式中参数含义及单位如表2-7所列。

表2-7　公式参数表

| 参数变量 | 参数含义 | 单　位 |
|---|---|---|
| $T$ | 脉冲重复间隔 | s |
| $F$ | 脉冲重复频率 | Hz |

## 2. 软件操作流程

使用手机绘算软件进入"公式管理"界面，选择"扫码添加公式"，扫描公式二维码，进入如图2-10所示界面，点击"计算"按钮即可得出数值。

脉冲重复间隔
公式计算二维码

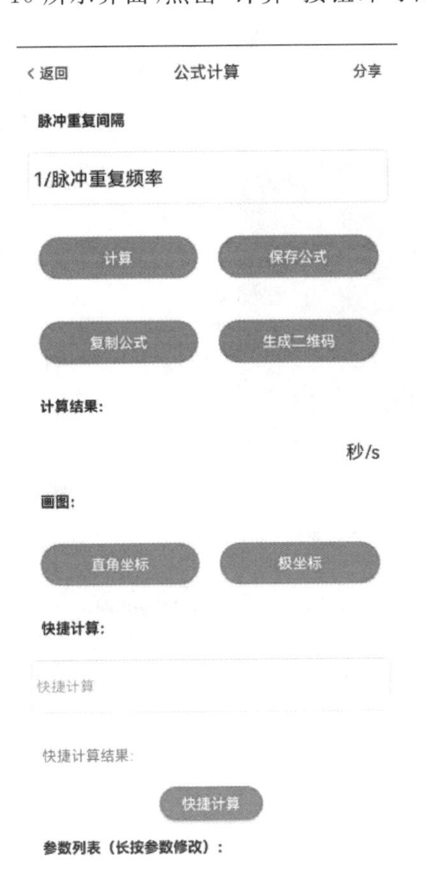


图2-10　脉冲重复间隔公式计算示意图

## 3. 变量关系绘图分析

绘制脉冲重复频率为100～200 Hz时，脉冲重复时间的变化。

绘图：选择$x$轴变量，设置起始值、最大值以及跨度，并选择"直角坐标"

或“极坐标”，多变量绘图时需添加条件，点击绘图，如图 2-11 所示。

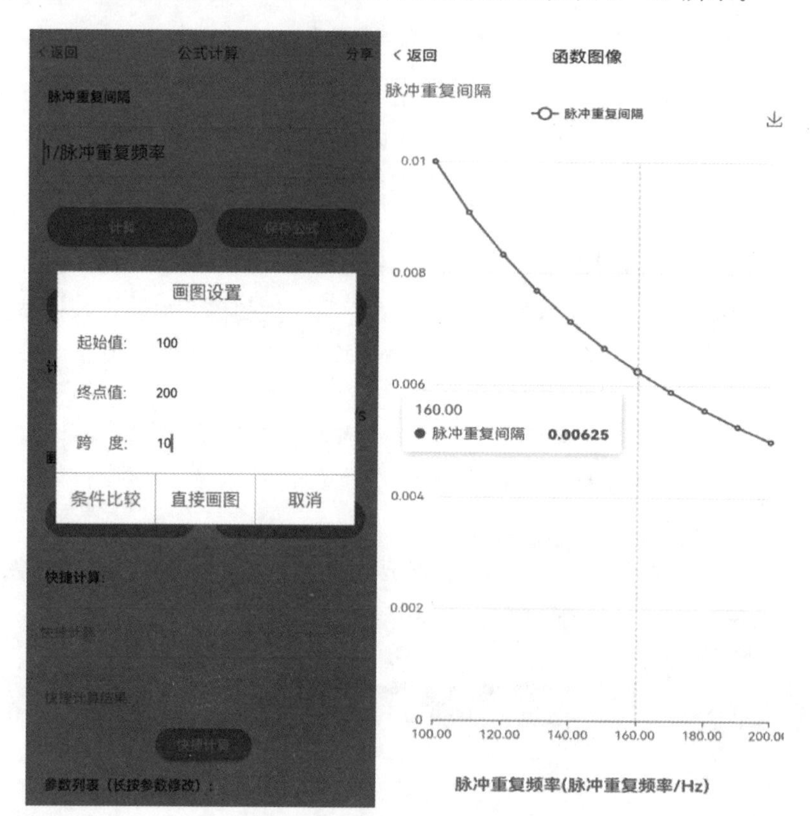


**图 2-11　脉冲重复频率与脉冲重复周期关系绘图**

较短的脉冲重复周期（或较高的脉冲重复频率）可以使雷达更快速地获取目标信息，适用于需要快速跟踪动态目标的场景。但同时也可能带来一些限制，如距离模糊等问题。较长的脉冲重复周期（或较低的脉冲重复频率）在某些情况下能提供更远的探测距离，但对于快速变化的目标跟踪可能不够及时。工程师们在设计雷达系统时，会根据具体的应用需求，精心计算和选择合适的脉冲重复周期和脉冲重复频率，以实现雷达性能的最优平衡。

## 2.4　天线增益

### 2.4.1　原理描述

在雷达系统中，天线就如同雷达的“眼睛”，而天线增益则是衡量这双“眼睛”敏锐程度的关键指标。理解天线增益的计算对于深入掌握雷达技术至关重要。

天线增益表示天线在特定方向上集中辐射或接收电磁波能量的能力。简单来说，相比于一个理想的全向天线，天线增益就是实际天线在某个方向上增强信号强度的倍数，一般用 $G$ 表示。天线增益与天线的孔径面积成正比，与其工作波长的平方成反比，计算公式如下：

$$G=\frac{4\pi A_e}{\lambda^2} \tag{2-4}$$

式中，$A_e$ 为有效接收面积，$\lambda$ 为波长。天线增益无量纲，单位通常用 dB（分贝）表示，数值越大，表示能量聚焦程度越高，传输距离越远或接收到的信号越强。通俗的理解是，天线就像是一个喇叭，普通喇叭向四面八方均匀地发声，声音传播得比较分散；而天线增益就是让天线这个"喇叭"把信号能量更集中地往特定方向发送或接收。比如，一个没有增益的天线，它发送的信号就像在一个大房间里随便开灯，光线到处散射，照亮的范围广，但每个地方都不太亮。但有了天线增益，就好像把这个灯变成了一个聚光灯，把光线集中到一个方向，让这个方向变得特别亮，能照得更远。也就是说，天线增益让天线在某个特定方向上能更有效地发送或接收信号，使得信号更强、传播得更远，就像把力量集中在一个点上，产生更强大的效果。天线增益示意如图 2-12 所示。

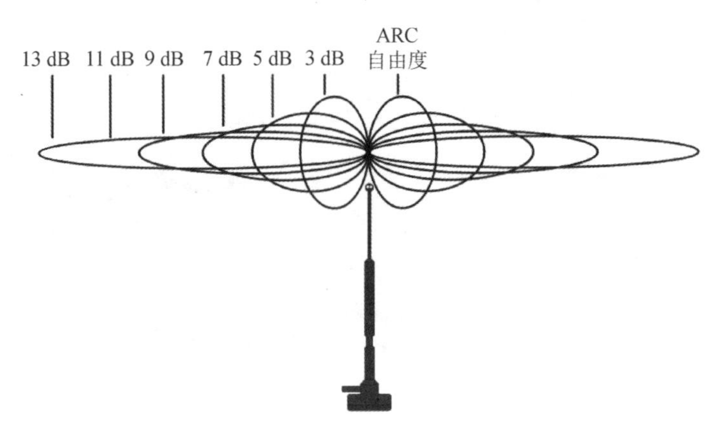


**图 2-12　天线增益示意图**

## 2.4.2　计算分析

### 1. 计算实例

当天线有效面积为 3 m² 时，计算波长为 1 m 的天线增益，例题参数如表 2-8 所列。

表 2-8 例题参数表

| 参数名称 | 参数数值 |
|---|---|
| 天线增益 $G$ | ? |
| 有效面积 $A_e/\mathrm{m}^2$ | 3 |
| 波长 $\lambda/\mathrm{m}$ | 1 |

天线增益公式计算二维码

根据式(2-4)可得

$$G=\frac{4\times\pi\times A_e}{\lambda^2}=\frac{4\times3.14\times3}{1}=37.699$$

故当天线有效面积为 3 $\mathrm{m}^2$ 时，波长为 1 m 的天线增益为37.699，转换为dB值为15.76 dB。

以上公式中参数含义及单位如表 2-9 所列。

表 2-9 公式参数表

| 参数变量 | 参数含义 | 单 位 |
|---|---|---|
| $G$ | 天线增益 | — |
| $A_e$ | 有效面积 | $\mathrm{m}^2$ |
| $\lambda$ | 波长 | m |

图 2-13 天线增益(dB)公式计算示意图

## 2. 软件操作流程

天线增益(dB)公式计算二维码

使用手机绘算软件进入“公式管理”界面，选择“扫码添加公式”，扫描公式二维码，注意，扫描天线增益(dB)公式计算二维码可直接代入 dB 值进行计算，进入如图 2-13 所示界面，点击“计算”按钮即可得出数值。

## 3. 变量关系绘图分析

绘制在天线有效面积为 3 $\mathrm{m}^2$ 的情况下，波长由 1 m 增加至 2 m 时的天线增益变化。

绘图：选择 $x$ 轴变量，设置起始值、最大值以及跨度，并选择“直角坐标”或“极坐标”，多变量绘图时需添加条件，点击绘图，如图 2-14 所示。

在波长一定的情况下，天线的孔径尺寸越大，天线的增益越高。同样，在孔径尺寸一定时，工作频率越高，天线的增益越高。在雷达系统其他条件不变的情况下，天线增益越高就意味着有更远的作用距离。当雷达天线接收时，其收集目标回波的能力用天线的有效孔径面积来表示。因此，大的有效孔径面积等效于高的天线增益。

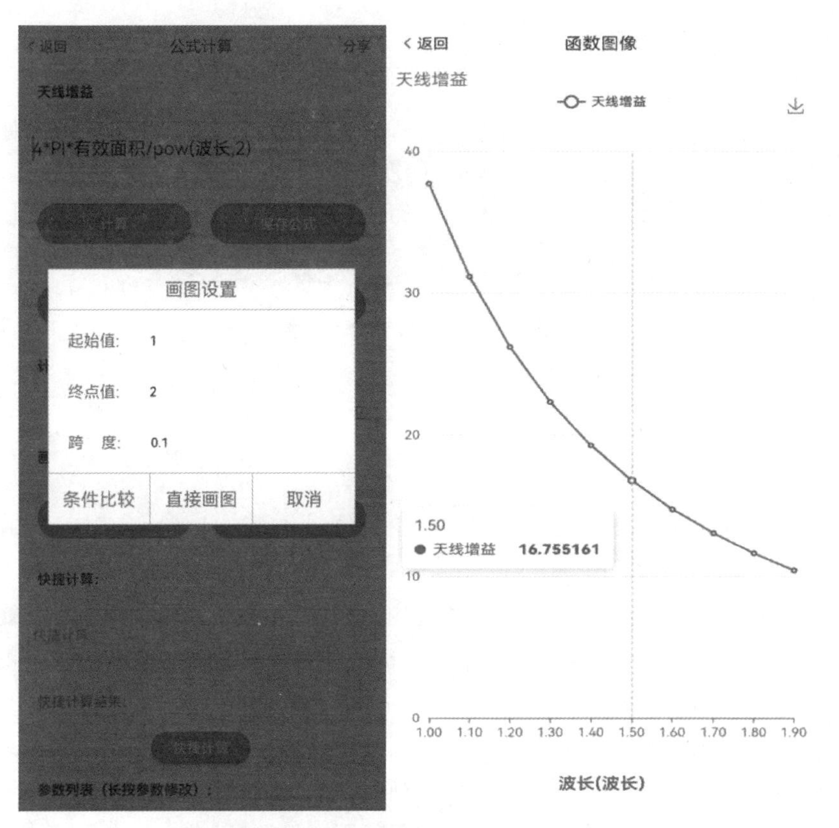


图 2－14　天线增益随波长变化绘图

# 2.5　天线有效孔径

## 2.5.1　原理描述

如图 2－15 所示，天线有效孔径并非字面上的物理开口尺寸，而是指在接收或发射过程中，天线在空中“虚拟”的有效收集或辐射能量的面积。简而言之，它是衡量天线效率和性能的一个重要指标，尤其是在考虑雷达的探测距离时更为关键。

与天线增益相对应，天线有效孔径 $A_e$ 也可表示天线将能量放大的程度，也可以理解为天线接收或发射电磁波时，真正“起作用”的那部分面积。它并不是指天线的物理尺寸，而是与天线捕捉或辐射电磁能量的能力相关的一个

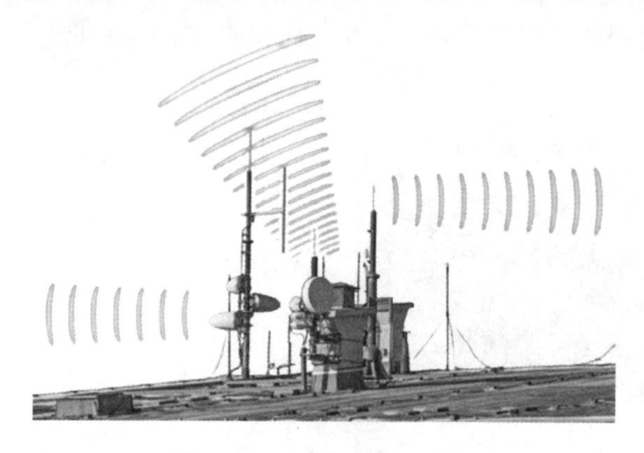

图 2-15　天线传播示意图

重要参数，可表示为

$$A_e = \frac{G\lambda^2}{4\pi} \tag{2-5}$$

式中，$\lambda$ 为电磁波波长。显然，天线有效孔径 $A_e$ 与天线增益 $G$ 成正比，有效孔径越大，增益越大。

天线有效孔径 $A_e$ 表示天线在接收电磁波时呈现的有效面积，与天线实际孔径面积 $A$ 有关，但不相同。天线有效孔径 $A_e$ 等于天线实际孔径面积 $A$ 与一个小于 1 的因子的乘积。

在设计和使用雷达系统时，需要根据具体的应用需求和环境条件，合理选择天线类型和计算天线有效孔径，以达到最佳的性能。例如，在远程监测雷达中，可能需要较大的天线有效孔径来实现远距离探测；而在空间有限的应用场景中，则需要在保证性能的前提下，尽量减小天线有效孔径。

## 2.5.2　计算分析

### 1. 计算实例

当天线增益为 20 dB 时，计算波长为 1 m 的天线有效孔径，注意天线增益在计算时应将 dB 值转换为真值，例题参数如表 2-10 所列。

表 2-10　例题参数表

| 参数名称 | 参数数值 | |
|---|---|---|
| | 真　值 | [dB] |
| 天线有效孔径 $A_e/m^2$ | ? | |
| 天线增益 $G$ | 100 | 20 |
| 波长 $\lambda/m$ | 1 | |

根据式(2－5)可得

$$A_e = \frac{G\lambda^2}{4\pi} = \frac{100 \times 1}{4 \times 3.14} = 7.95\ \text{m}^2$$

故若要天线增益为 20 dB,波长为 1 m,则天线有效孔径为 7.95 $m^2$。

以上公式中参数含义及单位如表 2－11 所列。

**表 2－11　公式参数表**

| 参数变量 | 参数含义 | 单　位 |
|---|---|---|
| $A_e$ | 天线有效孔径 | $m^2$ |
| $G$ | 天线增益 | — |
| $\lambda$ | 波长 | m |

## 2. 软件操作流程

使用手机绘算软件进入“公式管理”界面,选择“扫码添加公式”,扫描公式二维码,注意,扫描天线有效孔径(dB)公式计算二维码可直接代入 dB 值进行计算,进入如图 2－16 所示界面,点击“计算”按钮即可得出数值。

天线有效孔径公式计算二维码

天线有效孔径(dB)公式计算二维码

图 2－16　天线有效孔径(dB)公式计算示意图

### 3. 变量关系绘图分析

绘制当波长为 1 m、天线增益 0～40 dB 时天线有效孔径的变化。

绘图：选择 $x$ 轴变量，设置起始值、最大值以及跨度，并选择“直角坐标”或“极坐标”，多变量绘图时需添加条件，点击绘图，如图 2－17 所示。

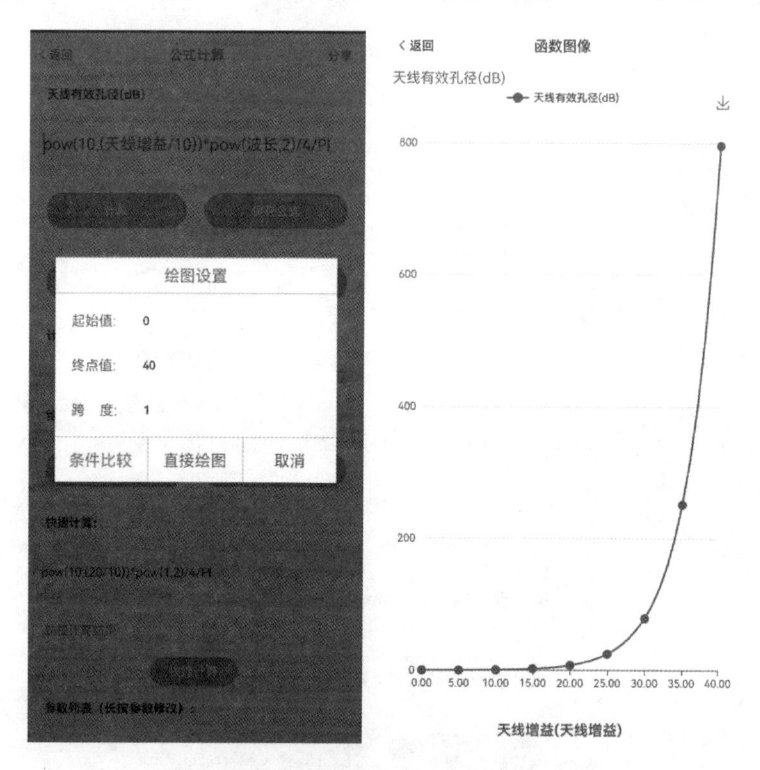


图 2－17　天线有效孔径随增益变化绘图

为了达到相同的天线增益，波长越短，则可以减小天线有效孔径，这对于缩小雷达体积尤其有利。天线有效孔径作为雷达天线性能的晴雨表，其精确的计算不仅是理论上的推敲，更是实践中精准设计的指导原则。

## 2.6　峰值功率

### 2.6.1　原理描述

雷达在发射脉冲信号期间所输出的平均功率称为峰值功率，用 $P_t$ 表示。由于雷达通常工作在脉冲模式，即发射短时的电磁脉冲，然后暂停一段时间再发射下一个电磁脉冲，峰值功率如同短跑选手的瞬间爆发力，决定了雷达在一瞬间能够输出的能量强度。因此,峰值功率是衡量这些短时脉冲强度的重要指标。

由于雷达所担负任务的不同,峰值功率大小也不一,有的可达几兆瓦,有的则为几十千瓦。计算雷达峰值功率的关键要素主要包括:

### 1. 平均功率

平均功率是指在一个重复周期内发射机输出功率的平均值,是计算峰值功率的基础之一,用 $P_0$ 表示。峰值功率与平均功率的关系为

$$P_t \cdot \tau = P_0 \cdot T_r \tag{2-6}$$

### 2. 脉冲宽度

脉冲宽度是指雷达发射的单个电磁脉冲持续的时间。脉冲宽度越短,峰值功率往往越高。

### 3. 脉冲重复周期

脉冲重复周期是雷达连续发射两个脉冲之间的时间间隔。

发射脉冲信号的峰值功率、脉冲宽度和脉冲重复周期三者对雷达探测距离的影响,是有密切联系的。因为在其他条件一定的情况下,雷达探测距离的远近取决于发射脉冲信号的平均功率,即取决于发射脉冲信号的峰值功率、脉冲宽度和脉冲重复频率三者的乘积,即

$$P_0 = P_t \cdot \tau / T_r = P_t \cdot \tau \cdot F_r \tag{2-7}$$

只有平均功率大,雷达的探测距离才能远。雷达峰值功率与脉宽关系如图 2-18 所示。

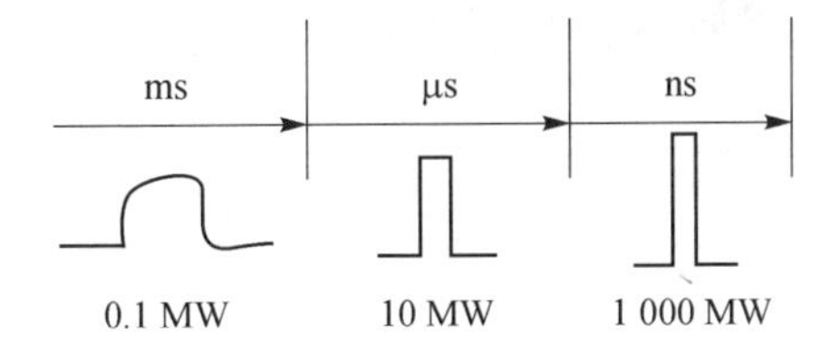


**图 2-18　峰值功率与脉宽关系示意图**

## 2.6.2　计算分析

### 1. 计算实例

当脉冲平均功率为 50 000 W、脉宽为 1 $\mu$s、脉冲重复间隔为 100 $\mu$s 时,计算雷达峰值功率,例题参数如表 2-12 所列。

表 2-12　例题参数表

| 参数名称 | 参数数值 |
| --- | --- |
| 峰值功率 $P_t$/W | ? |
| 平均功率 $P_0$/W | 50 000 |
| 脉冲重复间隔 $T_r$/μs | 100 |
| 脉宽 $\tau$/μs | 1 |

根据式(2-7)可得

$$P_t=\frac{P_0\cdot T_r}{\tau}=\frac{50\ 000\times 100}{1}=5\ 000\ 000\ \mathrm{W}$$

以上公式中参数含义及单位如表 2-13 所列。

表 2-13　公式参数表

| 参数变量 | 参数含义 | 单　位 |
| --- | --- | --- |
| $P_t$ | 峰值功率 | W |
| $P_0$ | 平均功率 | W |
| $\tau$ | 脉宽 | μs |
| $T_r$ | 脉冲重复间隔 | μs |

图 2-19　峰值功率公式计算示意图

## 2. 软件操作流程

使用手机绘算软件进入“公式管理”界面，选择“扫码添加公式”，扫描公式二维码，进入如图 2-19 所示界面，点击“计算”按钮即可得出数值。

峰值功率公式计算二维码

## 3. 变量关系绘图分析

绘制在脉宽为 0.5 μs，脉冲重复间隔为 100 μs 的条件下，平均功率为 0～100 W 时峰值功率的变化。

绘图：选择 $x$ 轴变量，设置起始值、最大值以及跨度，并选择“直角坐标”或“极坐标”，多变量绘图时需添加条件，点击绘图，如图 2-20 所示。

雷达峰值功率的大小直接影响到雷达的探测能力和距离。一个高峰值功率的雷达能够在更远的距离上探测到目标，因为它可以发射更强烈的电磁波，这些电磁波在传播过程中损失较少，能够到达更远的地方并被目标反射回来。同时，在复杂的电磁环境中，强大的峰值功率使雷达信号更不容易被干扰。

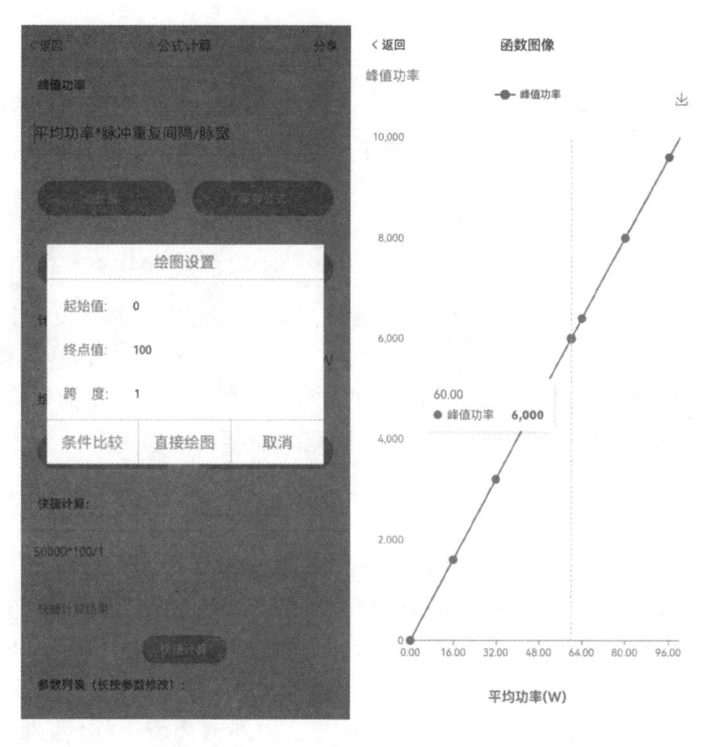


图 2-20　峰值功率随平均功率变化绘图

# 思考题

2.1　当雷达工作频率为 8 GHz、脉宽为 0.5 μs、脉冲重复周期为 2 ms 时，求其波长与占空比。

2.2　某天线增益为 2 dB，将其转换为真值增益。

2.3　某雷达的脉冲重复周期为 50 μs，求其脉冲重复频率。

2.4　某雷达天线增益为 25 dB，工作波长为 0.2 m，求其有效孔径。

2.5　某雷达的平均功率为 1 000 W，脉冲宽度为 1 μs，脉冲重复周期为 100 μs，计算其峰值功率。

2.6　已知某雷达的峰值功率为 5 000 W，平均功率为 1 000 W，脉冲重复周期为 50 μs，计算其脉冲宽度。

# 第3章　雷达目标参数测量原理与计算分析

想象一下，你在一个黑暗的房间里，手里拿着一个手电筒，当你打开手电筒光线向前照射时，碰到墙壁后会反射回来，你的眼睛接收到反射回来的光线，就能知道墙壁的位置和距离。雷达的工作原理与此类似，雷达就像那个手电筒，会发射出电磁波(类似于手电筒的光线)。这些电磁波向前传播，当遇到飞机、船只、建筑物等物体时(类似于房间里的墙壁)，会被反射回来形成回波。例如，在港口，雷达不断地向周围发射电磁波，当有船只靠近时，电磁波碰到船只后反射回来被雷达接收，只要测量电磁波发射和接收回波之间的时间差，以及回波的强度和方向等信息，就可以计算出船只的距离、速度和方位等。又例如，在机场，雷达向天空发射电磁波，当有飞机在飞行时，电磁波被飞机反射回来，雷达就会接收到回波，再根据相关数据，就能确定飞机的位置和飞行状态，从而实现对飞机的监测和引导。总之，雷达通过发射电磁波和接收回波，就像我们在黑暗中依靠手电筒的光线和反射来感知周围环境一样，实现对目标的探测和监测，理解这个基本原理对于学习本章内容很有帮助。本章主要阐述雷达目标参数测量的原理及计算分析，涵盖了距离、高度、速度、距离分辨率、方位分辨率、测距精度等方面的内容。为了更直观地理解和掌握这些测量原理及计算方法，本章将结合雷达对抗效能绘算软件进行举例说明。通过实际的案例操作，更加清晰地展示这些原理和计算方法在实际应用中的效果和作用，帮助读者深入理解和运用雷达目标参数测量的知识。

## 3.1　距离测量

### 3.1.1　原理描述

雷达不仅要发现目标，还要对目标的参数进行测量。雷达对目标参数的测量是通过雷达系统来获得目标的位置、速度等相关参数的过程。雷达系统通过向目标发送无线电波，并接收目标反射回来的回波信号来实现目标参数测量。

在雷达应用中，目标位置常采用极(球)坐标系来表示。在极坐标系中，空中目标的位置，可由目标的斜距 $R$、方位角 $\alpha$ 和俯仰角 $\beta$ 这三个坐标数据来确定。其中，目标的斜距 $R$ 为雷达至目标的直线距离，测量目标的距离是雷达基本任务之一；目标的方位角 $\beta$ 为目标的斜距 $R$ 在水平面上的投影与基准方位（一般为正北）在水平面上的夹角；目标的俯仰（高低）角 $\beta$ 为目标的斜距 $R$ 与其在水平面上的投影在铅垂面上的夹角。雷达与目标距离关系如图 3－1 所示。

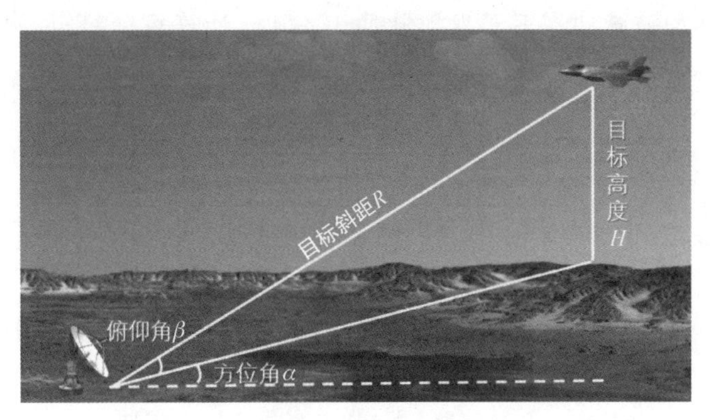


图 3－1　雷达与目标距离关系示意

雷达实现目标距离的测量，利用了电磁波的两个物理特性：电磁波在空气这种均匀介质中是沿直线传播的；电磁波在空间中传播的速度为光速。由于电磁波沿直线传播，那么路程是距离的两倍。只要知道了电磁波脉冲走过的路程也就知道了目标的距离。路程计算应用到了电磁波的第 2 个物理特性，电磁波的传播速度等于光速，如果测出了电磁波脉冲从发射到目标，再反射回雷达所用的时间延迟，就可以根据路程等于速度乘以时间得到。因此，雷达主要是通过测量信号的往返时间来测量目标与雷达之间的距离，雷达系统记录发射脉冲的时刻，以及接收信号到达雷达系统的时刻，根据信号的往返时间 $t_r$（也称延迟时间）以及波速来计算目标与雷达之间的距离。无线电波在均匀介质中直线传播，最基本的数学公式为

$$R=\frac{1}{2}ct_r \tag{3-1}$$

在空气中 $c=3\times10^8$ m/s。因此，目标距离测量就是要精确测量延迟时间 $t_r$，如图 3－2 所示。

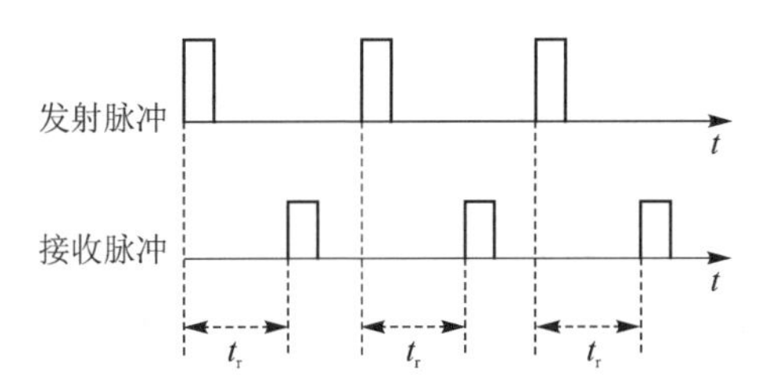


图 3－2　雷达距离测量原理示意图

## 3.1.2 计算分析

### 1. 计算实例

在雷达回波脉冲滞后于发射脉冲 1 μs 时，计算目标斜距，例题参数如表 3-1 所列。

表 3-1 例题参数表

| 参数名称 | 参数数值 |
|---|---|
| 延迟时间 $t_r/\mu s$ | 1 |
| 光速 $c/(m \cdot s^{-1})$ | $3\times10^8$ |
| 目标斜距 $R/m$ | ? |

根据式(3-1)可得

$$R=\frac{1}{2}ct_r=150\ m$$

故当雷达回波脉冲滞后于发射脉冲 1 μs 时，目标斜距为 150 m。

以上公式中参数含义及单位如表 3-2 所列。

表 3-2 公式参数表

| 参数变量 | 参数含义 | 单 位 |
|---|---|---|
| $t_r$ | 延迟时间 | s |
| $c$ | 光速 | m/s |
| $R$ | 目标斜距 | m |

图 3-3 目标斜距公式计算示意图

### 2. 软件操作流程

使用手机绘算软件进入“公式管理”界面，选择“扫码添加公式”，扫描公式二维码，进入如图 3-3 所示界面，点击“计算”按钮即可得出数值。

目标斜距公式计算二维码

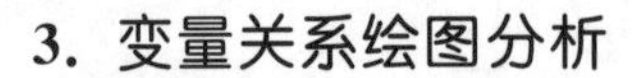

### 3. 变量关系绘图分析

绘制电磁波延迟时间为 0～10 μs 时，间隔为 1 μs 的目标斜距。

绘图：选择 $x$ 轴变量，设置起始值、最大值以及跨度，并选择“直角坐标”或“极坐标”，多变量绘图时需添加条件，点击绘图，如图 3-4 所示。

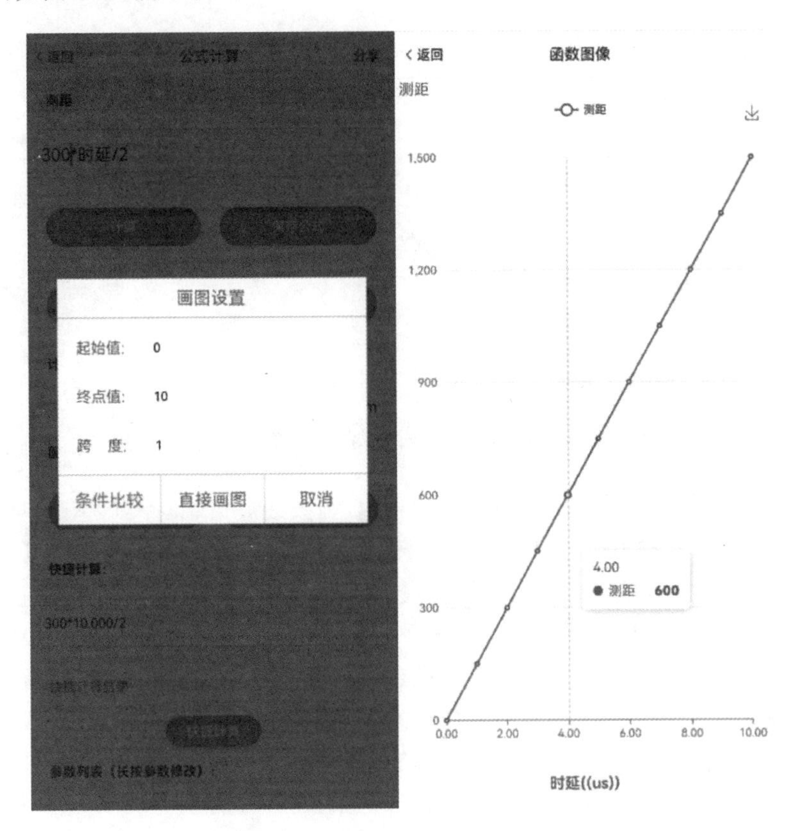


图 3-4　目标斜距与时延关系绘图

雷达对目标距离的测量主要依赖于延迟时间的测量，因此时间测量精度是影响雷达测距精度的重要因素。测量电磁波往返时间的精度越高，则测距结果就越准确。尽管雷达测距的原理看似简单，但在实际应用中，蕴含着深奥的物理知识，不仅要求时间测量的准确性，而且由于大气条件（如温度、湿度、压力）会影响电磁波的传播速度，从而也会影响距离的计算。同时，电磁波可能会通过不同的路径到达目标并反射回来，导致时间差的测量复杂化。通过精确的计算和不断的改进，雷达测距技术也需要不断地升级改进。

## 3.2　高度测量

### 3.2.1　原理描述

目标高度的测量是以测距和测仰角原理为基础的，在雷达技术中测量角位置基本上都是利用天线的方向性来实现的，如图 3－5 所示。

图 3－5　天线的方向性示意图

雷达天线将电磁能量汇集在窄波束内，当天线波束轴对准目标时，回波信号最强，如图 3－6 中实线所示；当目标偏离天线波束轴时回波信号减弱，如图 3－6 中虚线所示。根据接收回波最强时的天线波束指向，就可确定目标的方向，这就是角坐标测量的基本原理。通俗的理解是，雷达就像人的眼睛，不过它是通过发射和接收电磁波来“看”目标的。测角就是要清楚被它“看”到的目标在哪个方向。利用天线的方向性来测角就类似拿着一个手电筒照目标，如果转动手电筒，照到某个方向的时候光最亮，那这个最亮的方向很可能就是要找的目标方向。如果目标在垂直方向上扫描，用上述方法同样可以测定目标的俯仰角。

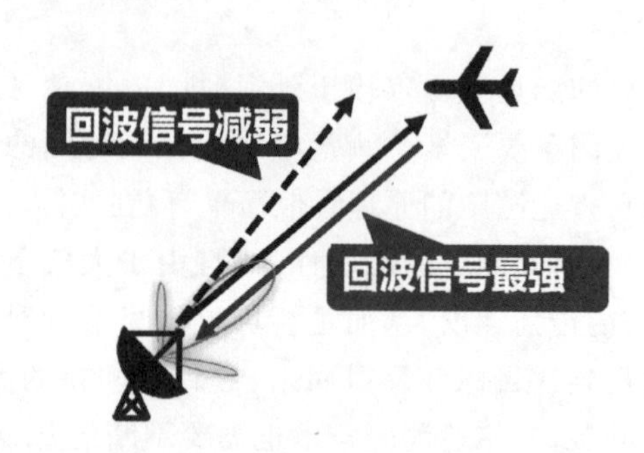


图 3－6　天线测向示意图

如图 3－7 所示，在不考虑地球曲面时，目标高度 $H$ 与斜距 $R$ 和俯仰角 $\beta$ 之间的关系为

$$H = R\sin\beta \tag{3-2}$$

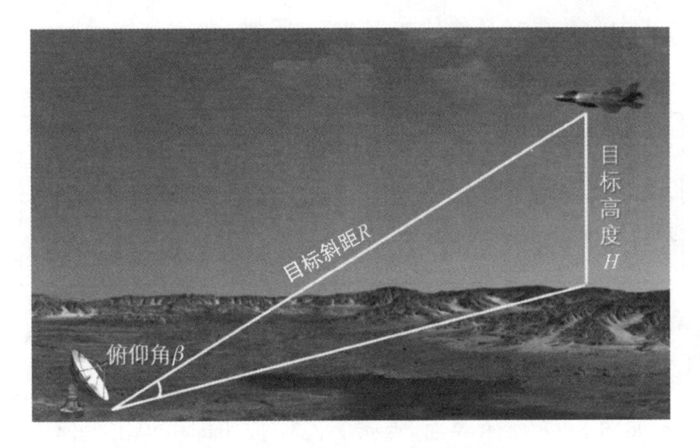


**图 3-7　目标高度测量原理图**

可见，测出目标斜距 $R$ 和仰角 $\beta$，则可计算出目标高度 $H$。由于地球曲率的影响，上述关系在目标距离较近时是准确的，当目标距离较远时必须作适当修正。在标准气象条件下，修正后的目标高度为

$$H = R\sin\beta + \frac{R^2}{17\ 000} \tag{3-3}$$

由此可见，目标高度 $H$ 由两部分组成：前半部分是由目标到雷达所处的地平线之间的高度，被称为水平高度；后半部分是由于地球表面的弯曲而引起的，被称为地曲补偿高度。

## 3.2.2　计算分析

### 1. 计算实例

当目标斜距为 40 km、天线仰角为 10°时，计算目标高度，例题参数如表 3-3 所列。

**表 3-3　例题参数表**

| 参数名称 | 参数数值 |
| --- | --- |
| 目标斜距 $R$/km | 40 |
| 天线仰角 $\beta$/° | 10 |
| 目标高度 $H$/km | ? |

根据式(3-3)可得

$$H = R\sin\beta + \frac{R^2}{17\ 000} = 40\ 000 \times \sin 10^\circ + 40\ 000^2/17\ 000 = 101.064\ \text{km}$$

故当目标斜距为 40 km、天线仰角为 10°时，目标高度为 101.064 km。

以上公式中参数含义及单位如表 3-4 所列。

表 3-4　公式参数表

| 参数变量 | 参数含义 | 单　位 |
| --- | --- | --- |
| $\beta$ | 天线仰角 | ° |
| $H$ | 目标高度 | km |
| $R$ | 目标斜距 | km |

## 2. 软件操作流程

目标高度测量公式计算二维码

使用手机绘算软件进入“公式管理”界面，选择“扫码添加公式”，扫描公式二维码，进入如图 3-8 所示界面，点击“计算”按钮即可得出数值。

图 3-8　目标高度测量公式计算示意图

## 3. 变量关系绘图分析

绘制当天线俯仰角为 10°、目标斜距为 40～50 km 时目标高度的变化，同时设天线俯仰角在 1°～20°范围内时目标高度的变化。

绘图：选择 $x$ 轴变量，设置起始值、最大值以及跨度，并选择“直角坐标”或“极坐标”，多变量绘图时需添加条件，点击绘图，如图 3-9 所示。

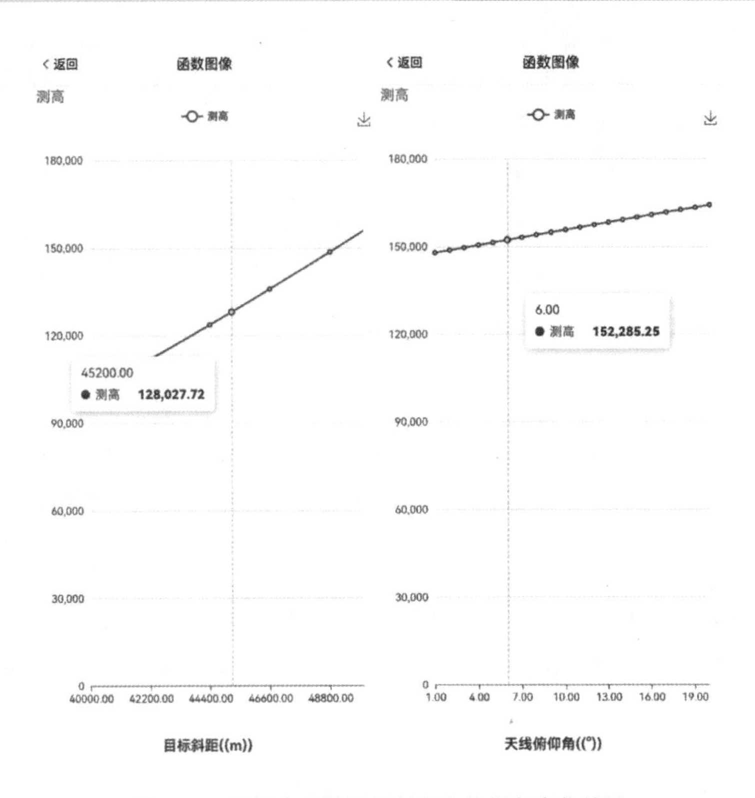


图 3－9　目标高度随目标斜距和俯仰角变化绘图

以上介绍的测高原理主要依靠雷达到目标的距离和仰角，而有的可能会结合其他技术，如利用多个波束同时测量或者通过连续扫描来更精确地确定高度。一些先进的雷达可能因为使用了更精密的设备、更复杂的算法或者更好的抗干扰技术，能够更准确地测量目标高度，误差更小。同时，有的雷达适用于测量高空的飞行器，对于远距离的目标测高效果好；而有的则更擅长测量低空的物体或者在复杂环境中的目标。雷达测高也是一项复杂但极其重要的技术，结合精确的计算，为我们提供了目标位置的关键信息。

## 3.3　速度测量

### 3.3.1　原理描述

雷达用于测量运动目标速度的基本原理是多普勒效应。多普勒效应指的是当波源或接收器相对于观察者运动时，波的频率会发生变化的现象。多普勒效应体现了波源和观察者之间相对运动时频率的变化。正如唐代诗人李白的诗句:“日照香炉生紫烟,遥看瀑布挂前川,飞流直下三千尺,疑是银河落九天。”瀑布因山势落差而形成,水流的速度和方向不断变化,正如多普勒效应中目标速度的变化引起波的频率变化。

多普勒效应广泛的存在于我们的生活之中,如火车进站和出站时的声调是不一样的,进站时急促,出站时声音低沉。同样,可以把雷达当作是一个超级敏感的“耳朵”,它能够发出一种特殊的“声音”(实际上是雷达波),并且能够听到这些“声音”反射回来的样子。当一辆汽车在公路上行驶时,雷达向它发出这种“声音”,如果汽车朝着雷达开过来,那么它就像是朝着“耳朵”跑过来一样,反射回来的“声音”就会变得更高亢,也就是频率变高;如果汽车远离雷达,那么反射回来的“声音”就会变得低沉,也就是频率变低。

这个“声音”频率的变化就是多普勒效应。雷达通过检测这种频率的变化,就能计算出汽车的速度。因此,雷达利用多普勒效应测速,就像是根据“声音”的高低变化来判断汽车是向我们靠近还是远离,以及移动速度的快慢。上述就是雷达测速的基本原理。

当雷达接收到返回波后,会测量返回波的频率变化,并通过比较返回波的频率与发射波的频率之间的差异来计算目标速度。而频率增加或减少的那一部分则被称为多普勒频移,其大小为

$$f_{\mathrm{d}}=\frac{2v_{\mathrm{r}}}{\lambda} \tag{3-4}$$

式中,$f_{\mathrm{d}}$ 为多普勒频移,$v_{\mathrm{r}}$ 为雷达与目标之间的径向速度,$\lambda$ 为载频波长。通过这种方式,雷达可以测量目标物体相对于雷达的速度,包括速度的大小和方向。

当目标向着雷达运动时,回波载频增大,则 $f_{\mathrm{d}}>0$;当目标离开雷达远去时,回波载频减小,则 $f_{\mathrm{d}}<0$。因此,根据 $f_{\mathrm{d}}$ 的大小,就能够测量出目标相对于雷达的径向速度,根据 $f_{\mathrm{d}}$ 的正负,就能够判断出目标相对于雷达的运动方向。

由多普勒频移的计算公式可得

$$v_{\mathrm{r}}=\frac{f_{\mathrm{d}}\lambda}{2} \tag{3-5}$$

对目标距离的连续测量也可以获得距离变化率,从而得到目标径向速度,但这种方法精度不高。无论是测量距离变化率还是测量多普勒频移,速度测量都需要时间,观测时间越长,测速的精度越高。多普勒频移除用作测速外,还广泛地应用于动目标显示(MTI)、脉冲多普勒(PD)等雷达中,以区分动目标回波和固定杂波。

## 3.3.2　计算分析

### 1. 计算实例

典型机载火控雷达的工作频率为 10 GHz，即波长为 3 cm，对于飞机等典型空中目标引起的多普勒频移一般为几千赫兹，那么假设运动目标引起的多普勒频移为 10 kHz，计算目标相对雷达的径向速度，例题参数如表 3 - 5 所列。

表 3 - 5　例题参数表

| 参数名称 | 参数数值 |
| --- | --- |
| 多普勒频移 $f_d$/kHz | 10 |
| 波长 $\lambda$/m | 0.03 |
| 目标相对雷达径向速度 $v_r$/(m・s$^{-1}$) | ? |

根据式(3 - 5)可得

$$v_r = \frac{1}{2} f_d \lambda = \frac{1}{2} \times 10\ 000 \times 0.03 = 150\ \text{m/s}$$

故当运动目标引起的多普勒频移为 10 kHz、雷达工作频率为 10 GHz 时，目标相对雷达的径向速度为 150 m/s。

以上公式中参数含义及单位如表 3 - 6 所列。

表 3 - 6　公式参数表

| 参数变量 | 参数含义 | 单　位 |
| --- | --- | --- |
| $f_d$ | 多普勒频移 | Hz |
| $\lambda$ | 波长 | m |
| $v_r$ | 目标相对雷达径向速度 | m/s |

图 3 - 10　速度测量公式计算示意图

速度测量公式计算二维码

### 2. 软件操作流程

使用手机绘算软件进入“公式管理”界面，选择“扫码添加公式”，扫描公式二维码，进入如图 3 - 10 所示界面，点击“计算”按钮即可得出数值。

### 3. 变量关系绘图分析

绘制当多普勒频移为 1～20 kHz、间隔为 1 kHz 递增时，目标相对径向速度的变化。

绘图：选择 $x$ 轴变量，设置起始值、最大值以及跨度，并选择“直角坐标”或“极坐标”，多变量绘图时需添加条件，点击绘图，如图 3－11 所示。

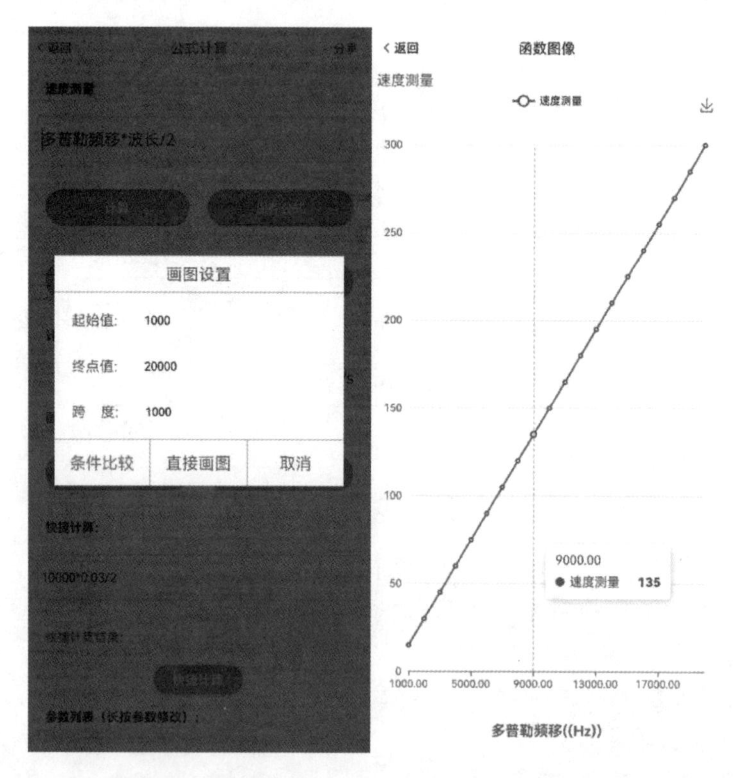


图 3－11 目标相对径向速度随多普勒频移变化绘图

雷达测量的是目标相对于雷达的径向速度，目标在切向方向上的速度是不能通过该方法得到的。要想得到目标自身的实际速度，需要对目标位置进行多次探测，形成跟踪并建立航迹，通过航迹位置的变化率得到目标的完整速度，但这种方法精度不高。因此，在实际应用中，需要考虑雷达和目标之间的相对运动以及雷达自身的运动状态，来准确计算目标速度。无论是测量距离变化率还是测量多普勒频移，速度测量都需要时间，观测时间越长，测速的精度越高。

## 3.4 距离分辨率计算

### 3.4.1 原理描述

为了衡量雷达对一个目标的成像能力，需要考察其分辨率。分辨率是指雷达对空间位置接近的点目标的区分能力。两个点目标可能在距离上靠近，也可能在方位上靠近。因此，分辨率又分为距离分辨率和方位(角度)分辨率。如图 3-12 所示，距离分辨率是指在同一方向上两个或两个以上点目标之间的最小可区分距离；方位分辨率是指在相同距离上两个或两个以上不同方向的点目标之间的可区分程度。类似一个好的侦探需要敏锐的观察能力和清晰的视野，雷达也是通过优化这两个维度的分辨率，在复杂的环境中精准定位和识别目标。

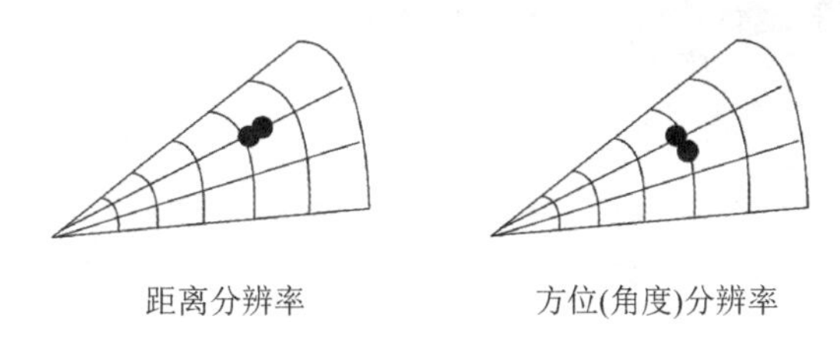


**图 3-12　距离分辨率与方位(角度)分辨率示意图**

《孟子·梁惠王上》中所述："明足以察秋毫之末""明察秋毫"是形容人眼力极佳，能够洞察微小之物，这与雷达成像技术中追求高分辨率的目标是一致的，都是通过对细节的精准把握来达到对目标的全面认知，而实现"知彼知己，百战不殆"。

通俗的理解距离分辨率，可以想象有一把尺子，我们想利用这把尺子测量两个小物体的距离。如果尺子刻度很粗，你只能大致测量出两个物体之间的距离，而如果尺子刻度很细，你就能精确测量出它们之间的微小距离。雷达的距离维分辨率就像这把尺子的刻度，是指同一方向上两个大小相等的点目标之间的最小可区分距离，一般用 $\Delta R_c$ 表示，$\Delta R_c$ 越小，雷达的距离分辨率越高。在图 3-13 中，(a)表示两个目标相距较远，显示器上是明显的两个回波；

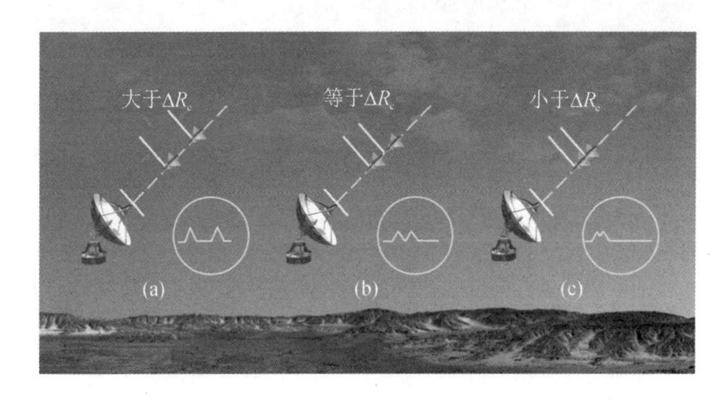


**图 3-13　目标间距与回波显示示意图**

(b)表示两个目标相距较近,显示器上的两个目标的回波开始重叠;(c)表示两个目标相距太近,显示器上已经分辨不出是两个目标的回波。

对于简单的恒载频矩形脉冲信号,距离分辨率由脉冲宽度$\tau$决定,脉冲宽度越窄,距离分辨率越好。如果发射一个很窄的脉冲(短时间间隔),雷达可以分辨出两个距离非常接近的目标;如果脉冲很宽,分辨率就会降低,就像尺子刻度粗一样,无法精确测量近距离的两个目标。对于复杂的脉冲压缩信号,决定距离分辨率的是雷达信号的有效带宽$B$,有效带宽越宽,距离分辨率越好。在实际中可以直观地认为,距离分辨率是由经过信号处理后的视频脉冲宽度$\tau_p$所决定的。

在图3-14中,前一个回波的后沿与后一个回波的前沿刚好相接,两回波前沿相隔的时间等于脉冲宽度。设前一个目标与雷达的斜距为$R_1$,后一个目标与雷达的斜距为$R_2$,前一个回波在显示器基线上对应的时间为$t_1$,后一个回波对应的时间为$t_1+\tau$,则这两个目标在空间的实际间距为

$$\Delta R_c = R_2 - R_1 = \frac{1}{2}c(t_1+\tau) - \frac{1}{2}ct_1 = \frac{1}{2}c\tau \tag{3-6}$$

简单的脉冲信号经过处理后,视频脉冲宽度$\tau_p=\tau$,保持不变,且可近似为信号带宽的倒数;复杂的脉冲压缩信号经过信号处理后,视频脉冲宽度变为$\tau_p=1/B$,即有效带宽越宽,经过信号处理后的视频脉冲宽度越窄,则距离分辨率越好。

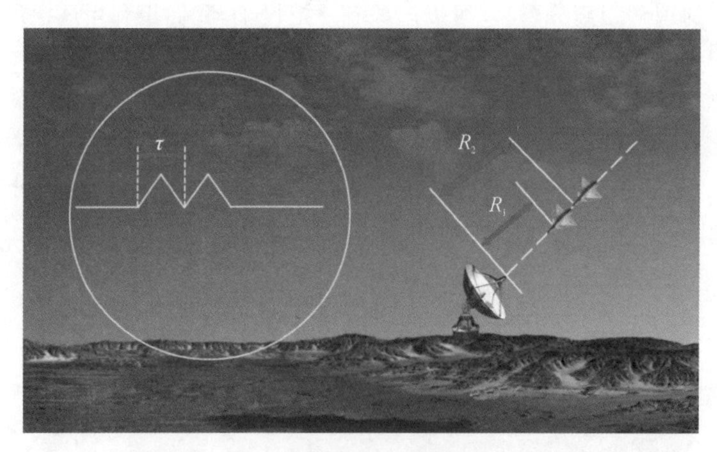


图3-14 两回波相接时两目标的间距

## 3.4.2 计算分析

### 1. 计算实例

当发射信号带宽为20 MHz、脉宽为0.05 μs时,计算距离分辨率,例题参

数如表3-7所列。

表3-7　例题参数表

| 参数名称 | 参数数值 |
| --- | --- |
| 脉宽/μs | 0.05 |
| 距离分辨率/m | ? |

根据式(3-6)可得

$$\Delta R_c = R_2 - R_1 = \frac{1}{2}c(t_1+\tau) - \frac{1}{2}ct_1 = \frac{1}{2}c\tau$$

$$= \frac{1}{2} \times 3 \times 10^8 \times 0.05 \times 10^{-6} = 7.5\ \text{m}$$

故当发射信号带宽为20 MHz、脉宽为0.05 μs时，距离分辨率为7.5 m。

以上公式中参数含义及单位如表3-8所列。

表3-8　公式参数表

| 参数变量 | 参数含义 | 单　位 |
| --- | --- | --- |
| $\tau$ | 脉宽 | μs |
| $\Delta R_c$ | 距离分辨率 | m |

### 2. 软件操作流程

使用手机绘算软件进入“公式管理”界面，选择“扫码添加公式”，扫描对应公式二维码，进入如图3-15所示界面，点击“计算”按钮即可得出数值。

图3-15　距离分辨率公式计算示意图(根据脉宽)

距离分辨率公式计算二维码(根据带宽)

距离分辨率公式计算二维码(根据脉宽)

### 3. 变量关系绘图分析

绘制脉宽为0.01～1 μs、间隔为0.01 μs递增时，距离分辨率的变化。

绘图：选择$x$轴变量，设置起始值、最大值以及跨度，并选择“直角坐标”或“极坐标”，多变量绘图时需添加条件，点击绘图，如图3-16所示。

距离分辨率除了与脉冲宽度有关外，其实还与显示器的扫描光点的大小有关。如果扫描光点极小，在显示器上两个回波可以分辨；当扫描光点具有一定大小时，在显示器上两个回波就可能会连在一起，在这种情况下，前一个回波的后沿与后一个回波的前沿之间的位置被扫描光点所“填充”，因此距离分辨率还应该包含一个扫描光点所占的距离。

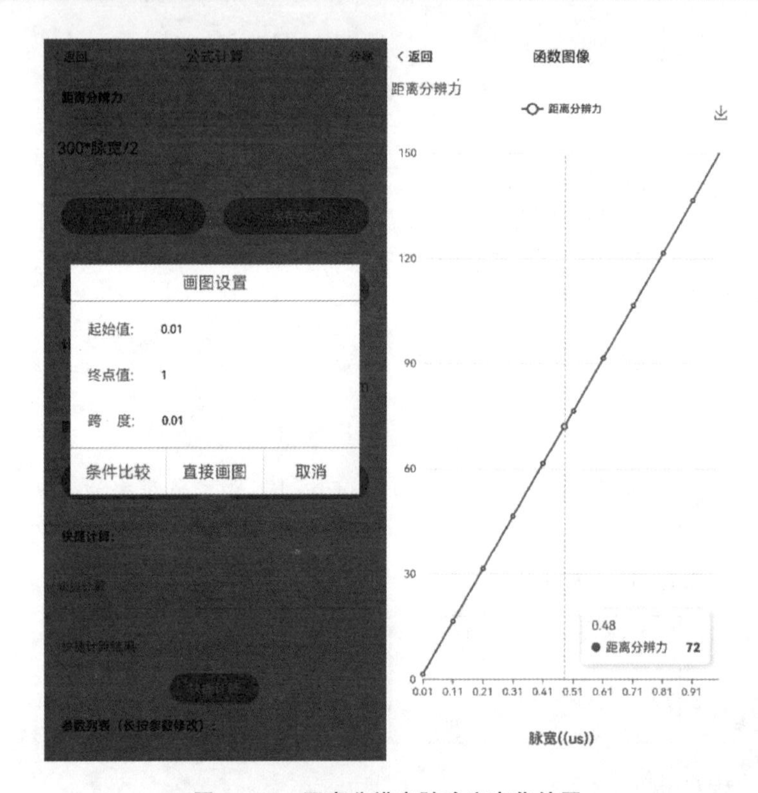


图 3-16 距离分辨率随脉宽变化绘图

# 3.5 方位分辨率计算

## 3.5.1 原理描述

方位分辨率是一个至关重要的概念,它决定了雷达在辨别目标方位时的精确程度,即雷达系统可以在水平方向上分辨出两个目标的最小角度差异,用来衡量雷达系统对于目标在方位角上的分辨能力。想象一下,在晚上用一个手电筒照向远处的两个物体,且两个物体离得很近。如果手电筒光束非常集中,则可以清楚地分辨出这两个物体,它们不会混在一起。但如果手电筒光束很宽,两个物体可能会在手电筒的光束中重叠,你就分不清它们是两个独立的物体了。

因此,要计算雷达的方位分辨率,需要考虑的首要因素就是雷达天线的孔径尺寸。一般来说,天线孔径越大,方位分辨率就越高。此外,雷达所使用的电磁波波长也会影响方位分辨率,波长越短,方位分辨率越好。这是因为短波长能够在空间中形成更紧密的波前,从而使得雷达对目标方位的分辨更为精

细。方位分辨率可表示为

$$\rho_a = \frac{R\lambda}{D} \tag{3-7}$$

式中，$\lambda$ 是雷达工作频率的波长；$D$ 是天线口径，表示天线接收信号的有效区域尺寸，也可以用来表示天线的主瓣宽度（主瓣角）；$R$ 是目标斜距，单位均为 m。

需要注意的是，式(3－7)是一个近似公式，在理想条件下适用。而在实际应用中，还需要考虑其他因素，如雷达系统的噪声水平、天线形状等，从而更准确地评估方位分辨率。

此外，方位分辨率也受到天线指向精度、信号处理算法等因素的影响。通过精确调整这些参数，可以进一步提高雷达的方位分辨率，使其能够更准确地定位目标在水平方向上的位置。

## 3.5.2　计算分析

### 1. 计算实例

若高空侦察飞机的飞行高度为 20 km，用一 X 波段($\lambda$＝3 cm)侧视雷达进行探测，设其方位向孔径 $D$＝4 m，计算在离航迹 40 km 处的方位分辨率，例题参数如表 3－9 所列。

**表 3－9　例题参数表**

| 参数名称 | 参数数值 |
| --- | --- |
| 波长 $\lambda$/m | 0.03 |
| 天线孔径 $D$/m | 4 |
| 斜距 $R$/m | 40 000 |
| 方位分辨率 $\rho_a$/m | ? |

根据式(3－7)可得

$$\rho_a = \frac{R\lambda}{D} = \frac{40\ 000 \times 0.03}{4} = 300\ \text{m}$$

则在离航迹 40 km 处的方位分辨率为 300 m。

以上公式中参数含义及单位如表 3－10 所列。

**表 3－10　公式参数表**

| 参数变量 | 参数含义 | 单　位 |
| --- | --- | --- |
| $\lambda$ | 波长 | m |
| $D$ | 天线孔径 | m |
| $R$ | 斜距 | m |
| $\rho_a$ | 方位分辨率 | m |

## 2. 软件操作流程

方位分辨率
公式计算二维码

使用手机绘算软件进入“公式管理”界面，选择“扫码添加公式”，扫描公式二维码，进入如图 3－17 所示界面，点击“计算”按钮即可得出数值。

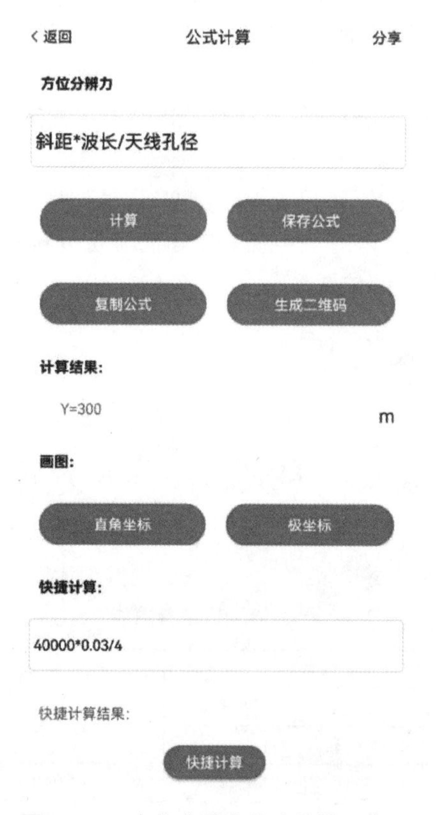


图 3－17　方位分辨率公式计算示意图

## 3. 变量关系绘图分析

绘制天线孔径为 1～100 m 时，间隔为 1 m 的方位分辨率变化。

绘图：选择 $x$ 轴变量，设置起始值、最大值以及跨度，并选择“直角坐标”或“极坐标”，多变量绘图时需添加条件，点击绘图，如图 3－18 所示。

在实际应用中，高方位分辨率的雷达能够更准确地确定目标的方位，对于军事侦察、航空管制、气象监测等领域都具有重要意义。例如，在军事上，可以更精确地定位敌方目标；在航空领域，能更有效地引导飞机安全飞行。然而，要获得高方位分辨率并非易事，增大天线孔径会增加雷达的体积和重量，缩短波长则可能带来技术难度和成本的增加。总之，雷达方位分辨率的计算是雷达技术中的一个重要环节，能帮助我们更好地理解雷达的性能，并为不断优化和改进雷达系统提供理论依据。

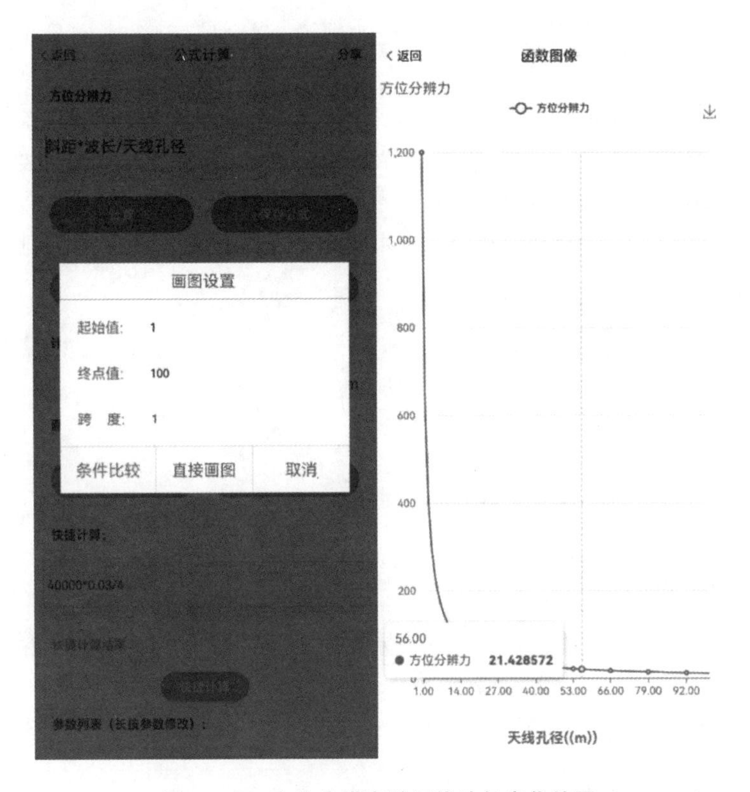


**图 3－18　方位分辨率随天线孔径变化绘图**

# 3.6　测距精度计算

## 3.6.1　原理描述

测距精度与距离分辨率是不同的概念。分辨率是雷达能区分两个目标的最小距离，若两个目标相距小于分辨率，雷达就认为是一个目标了；而测距精度则表示对某一个目标距离测量的精确性问题。可以通俗的理解为，假设你是一个射箭高手，面前有一块靶子，距离分辨率就好比是这个靶子上相邻两个得分区域之间的间隔，你对靶子上 10 环和 9 环之间的那段距离的分辨能力就是一种“分辨率”。如果你的眼力不高，就很难区分 10 环和 9 环；但如果你的眼力精准，就很容易分辨出来。在雷达中，距离分辨率高就能更清楚地区分两个靠得很近的目标在距离上的微小差别，而测距精度就像是每次射箭命中目标位置的准确程度。比如，你瞄准了 10 环的中心，但可能实际射中的位置会有偏差。如果雷达测距精度高，偏差就会很小，每次都能很接近瞄准的位置；

如果测距精度低，偏差就会大。对于雷达来说，测距精度高，则测量出的距离就更接近目标的真实距离，误差很小。

雷达是通过测量雷达回波的时延来测量目标的距离的，但是系统对于时延的测量会有误差，这个时延的误差就会带来测距的误差，这就是精度问题。

由于回波信号会叠加加性噪声信号，因而接收机的输入信号可以看作是一个随机信号。根据最大似然分析，回波信号经过匹配滤波处理后延时的估值标准差为

$$\sigma_{t_r}=\frac{1}{B\cdot\sqrt{\frac{S}{N}}} \tag{3-8}$$

由式(3－8)可知，测距精度与信噪比 $S/N$(真值)、信号均方根带宽 $B$ 有关。

## 3.6.2 计算分析

### 1. 计算实例

假设信号均方根带宽为 700 Hz，信噪比为 30 dB，计算此时测距精度。

**表 3.11 例题参数表**

| 参数名称 | 参数数值 |
|---|---|
| 信号均方根带宽 $B$/Hz | 700 |
| 信噪比 $S/N$/dB | 30 |
| 测距精度 $\sigma_{t_r}$/m | ? |

这里要注意，信噪比 30 dB 要转换为真值，根据分贝的换算公式 dB＝10log10($S/N$)，则 30 dB 对应的信噪比真值为 $10^3$。根据式(3－8)可得

$$\sigma_{t_r}=\frac{1}{B\cdot\sqrt{\frac{S}{N}}}=\frac{1}{700\times\sqrt{1\ 000}}\approx 0.000\ 045\ 175\ 4$$

故当信号均方根带宽为 700 Hz、信噪比为 30 dB 时，测距精度为 0.000 045 175 4。

以上公式中参数含义及单位如表 3－12 所列。

**表 3－12 公式参数表**

| 参数变量 | 参数含义 | 单　位 |
|---|---|---|
| $B$ | 信号均方根带宽 | Hz |
| $S/N$ | 信噪比 | dB |
| $\sigma_{t_r}$ | 测距精度 | m |

### 2. 软件操作流程

使用手机绘算软件进入“公式管理”界面，选择“扫码添加公式”，扫描公式二维码，进入如图 3-19 所示界面，点击“计算”按钮即可得出数值。

测距精度公式计算二维码

图 3-19　测距精度公式计算示意图

### 3. 变量关系绘图分析

绘制当信噪比为 30 dB、信号均方根带宽为 0～1 000 Hz 时，测距精度的变化。

绘图：选择 $x$ 轴变量，设置起始值、最大值以及跨度，并选择“直角坐标”或“极坐标”，多变量绘图时需添加条件，点击绘图，如图 3-20 所示。

想要提高雷达的测距精度，就要保证发射的电磁波稳定、接收系统灵敏、时间测量准确，并且减少外部环境的干扰。这样，就像在特别安静的房间内你能准确地听回声并判断距离一样，雷达也能更精确地测量目标的距离。

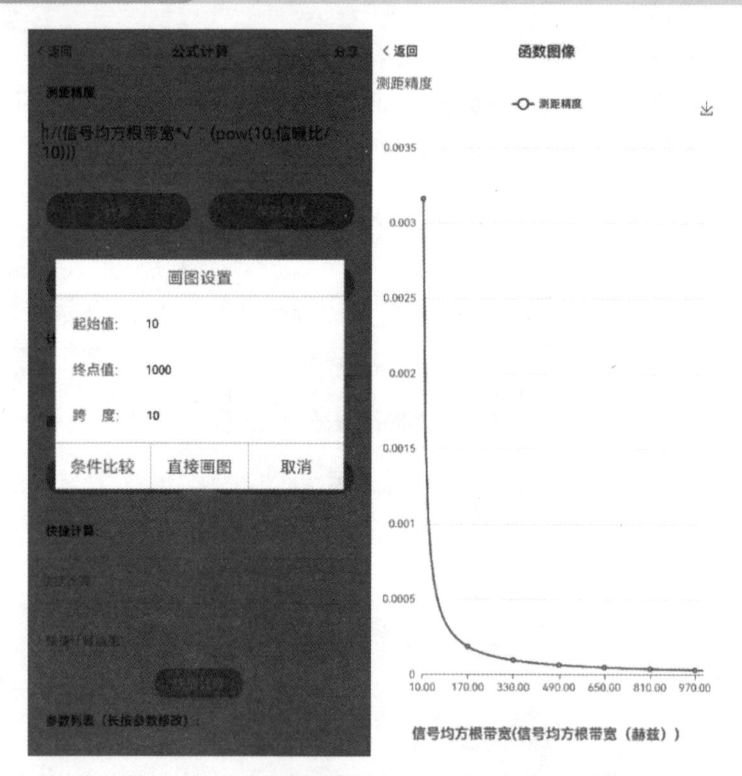


图 3-20　测距精度随信号均方根带宽变化绘图

# 思考题

3.1　已知脉冲雷达回波信号相对发射信号的延迟时间为 100 μs，求目标距离。

3.2　已知脉冲雷达中心频率 $f=2\ 000$ MHz，回波信号的频率为 2 000.01 MHz，求目标的径向速度。

3.3　通过雷达与雷达对抗效能绘算软件绘出题 3.2 中多普勒频率、速度与波长之间的关系曲线：

(a) 载波频率 $f$ 分别为 35 GHz、10 GHz、3 GHz 和 450 MHz、150 MHz 时，多普勒频率与径向速度之间的关系曲线；

(b) 径向速度分别为 10 m/s、100 m/s、1 000 m/s 时，多普勒频率与波长之间的关系曲线。

3.4　已知脉冲雷达中心频率 $f=2\ 000$ MHz，脉冲宽度为 1 μs，雷达方位向孔径为 4 m，计算目标距离分别为 100 km、300 km 时在距离维和方位维分辨单元的大小。

3.5　如何理解距离分辨率和测距精度的区别？

# 第4章　雷达最大作用距离计算原理与分析

本章将结合基本雷达方程、二次雷达方程、干扰条件下的雷达方程、搜索雷达方程、跟踪雷达方程、双基地雷达方程、用信号能量表示的雷达方程、低重频的雷达方程、高重频的雷达方程等多种形式的雷达方程探讨雷达最大作用距离计算的基本原理与分析方法。为了使读者更清晰直观地理解，本章还结合雷达与雷达对抗效能绘算软件举例说明不同条件下雷达方程的计算结果，以及直视距离和损耗计算的实际应用，为理解雷达工作效能计算原理、开展计算分析应用提供帮助。

## 4.1　基本雷达方程

### 4.1.1　原理描述

假如雷达是一个超级手电筒，可以向远处发射光芒（电磁波），则手电筒的亮度（发射功率）决定了可以照射多远。如果其亮度很弱，可能只照射到近处的东西；如果很亮，则能照射到更远的地方。

当这束光（电磁波）遇到一个物体时，如一辆车，则一部分光会被反射回来。但是，在光传播的过程中，它会像气球泄气一样变得越来越弱。因为光会向四面八方散开，就像水从水龙头里喷出来会散开一样。

雷达基本方程就是根据手电筒的初始亮度（发射功率），并考虑到光在传播中变弱的情况，以及物体反射光的能力，进行计算来判断能不能收到足够强的反射光，从而知道手电筒（雷达）能不能“看到”这个物体，以及能看到多远的物体。

如果手电筒亮度不够，或者物体反射光的能力很差，又或者光在传播中变得太弱，手电筒（雷达）可能就接收不到能让它发现这个物体的反射信号了。因此，雷达究竟可以看多远不仅与发射功率有关，还与目标的大小和性质有关。由于目标本身有差异对雷达电滋波的散射特性也不同，雷达所能接收到的反射电磁波能量也不一样，因而雷达对不同目标的探测距离各异。

为了统一表征目标的散射特性和便于估算雷达作用距离，我们把实际目标等效为一个垂直于电波入射方向的截面积，当这个截面积所截获的入射功率向各个方向均匀散射时，在雷达处产生的电磁波回波功率密度与实际目标所产生的功率密度相同，称这个等效面积为雷达散射截面积(RCS)。通常，目标的雷达散射截面积越大则反射的电磁波信号功率就越强。那么雷达究竟能在多远距离上发现目标呢？这要由雷达方程来回答。

如图 4-1(a)所示，假设雷达发射功率为 $P_t$，当采用全向辐射天线时，电磁波到达距离 $R_1$ 所在球面的功率密度 $S'_1$ 为雷达发射功率 $P_t$ 与球的表面积 $4\pi R_1^2$ 之比(假设球是以雷达为球心，雷达到目标的距离为半径)，即

$$S'_1=\frac{P_t}{4\pi R_1^2}\quad \mathrm{W/m^2} \tag{4-1}$$

如图 4-1(b)所示，为了增加在某一方向上的辐射功率密度，雷达通常采用方向性天线，天线增益 $G_t$ 和天线等效面积 $A_e$ 为方向性天线的两个重要参数，其相互关系为

$$A_e=\frac{G_t\lambda^2}{4\pi}\quad \mathrm{m^2} \tag{4-2}$$

式中，$\lambda$ 为波长；天线等效面积 $A_e$ 和天线物理面积 $A$ 之间的关系为 $A_e=\rho A$，$\rho$ 为天线的孔径效率(有效接收率)，$0\leqslant\rho\leqslant 1$，性能好的天线要求 $\rho$ 接近于 1，在实际中通常取 $\rho=0.7$ 左右。本书提到的天线，除特殊声明外，$A_e$ 和 $A$ 是不加区别的，均指天线等效面积或有效面积。

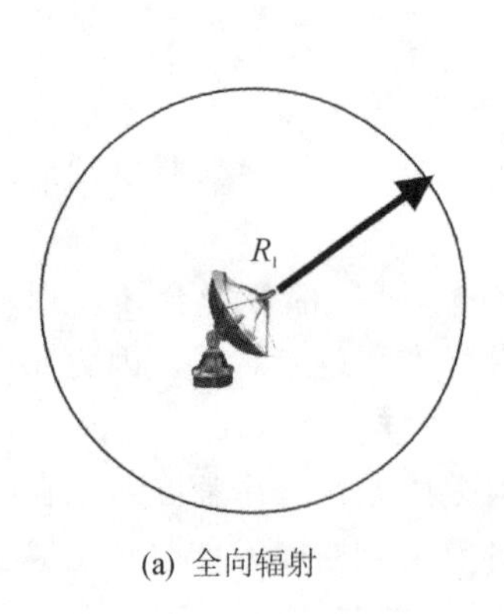


(a) 全向辐射

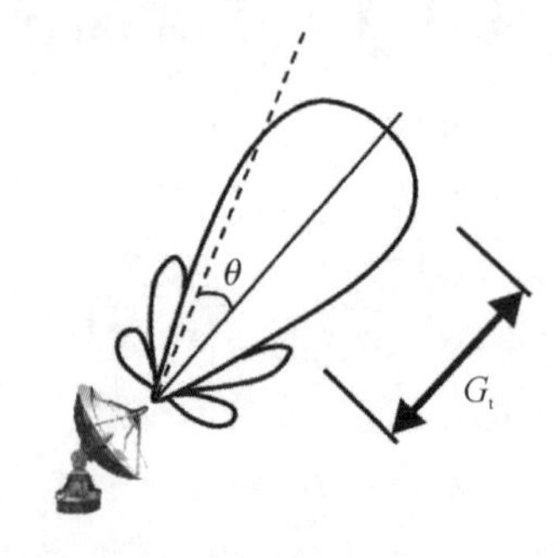


(b) 方向性辐射

**图 4-1 全向辐射与方向性辐射的功率密度示意图**

天线增益 $G_t$ 与天线的方位、仰角波束宽度关系为

$$G_t=K\frac{4\pi}{\theta_a\theta_e} \tag{4-3}$$

式中，$K\leqslant 1$，且取决于天线的物理孔径形状；$\theta_a$、$\theta_e$ 分别为天线的方位和仰角的半功率波束宽度(单位为弧度)。本书若未声明，取 $K=1$，即

$$G_t=\frac{4\pi}{\theta_a\theta_e}=\frac{4\pi}{\lambda^2}A_e \tag{4-4}$$

在自由空间里，在雷达天线增益为 $G_t$ 的辐射方向上，距离雷达天线 $R_1$

的目标所在位置的功率密度为

$$S_1 = S_1' G_t = \frac{P_t G_t}{4\pi R_1^2} \quad \text{W/m}^2 \tag{4-5}$$

当目标受到电磁波的照射时，因其散射特性将产生散射回波，散射功率的大小显然和目标所在点的发射功率密度 $S_1$ 及目标的散射特性有关。一般采用目标的散射截面积 $\sigma$（其量纲是面积）来表征其散射特性。若目标可将接收到的信号功率无损耗地辐射出来，则得到目标的散射功率（也称为二次辐射功率）为

$$P_2 = S_1 \sigma = \frac{P_t G_t \sigma}{4\pi R_1^2} \quad \text{W} \tag{4-6}$$

假设目标的散射信号（其功率为 $P_2$）为全向辐射时，接收天线与目标距离为 $R_2$，则在接收天线处的回波功率密度为

$$S_2 = \frac{P_2}{4\pi R_2^2} = \frac{P_t G_t \sigma}{(4\pi)^2 R_1^2 R_2^2} \quad \text{W/m}^2 \tag{4-7}$$

如果雷达接收天线的有效面积为 $A_r$，天线增益为 $G_r$，且与有效面积 $A_r$ 的关系可表示为

$$A_r = \frac{G_r \lambda^2}{4\pi} \tag{4-8}$$

则天线接收目标散射回波的功率 $P_r$ 为

$$P_r = A_r S_2 = \frac{P_t G_t A_r \sigma}{(4\pi)^2 R_1^2 R_2^2} \quad \text{W} \tag{4-9}$$

单基地脉冲雷达通常采用收发共用天线，则令 $G_t = G_r = G$，$A_r = A_t$，$R_1 = R_2 = R$，则式（4－9）可变为

$$P_r = \frac{P_t G^2 \lambda^2 \sigma}{(4\pi)^3 R^4} \quad \text{W} \tag{4-10}$$

由式（4－10）可以看出，接收的回波功率 $P_r$ 与目标距离 $R$ 的四次方成反比，这是因为在一次雷达中，雷达波的能量衰减很大（其传播距离为 $2R$）。只有当接收到的功率 $P_r$ 必须大于最小可检测信号功率 $S_{min}$ 时，雷达才能可靠地发现目标。因此，当 $P_r$ 正好等于 $S_{min}$ 时，就可得到雷达检测目标的最大作用距离 $R_{max}$。当超过这个距离，接收的信号功率 $P_r$ 将进一步减小，就不能可靠地检测到目标，其关系式可以表示为

$$P_r = S_{min} = \frac{P_t A_r^2 \sigma}{4\pi \lambda^2 R_{max}^4} = \frac{P_t G^2 \lambda^2 \sigma}{(4\pi)^3 R_{max}^4} \quad \text{W} \tag{4-11}$$

或

$$R_{max} = \left[\frac{P_t \sigma A_r^2}{4\pi \lambda^2 S_{min}}\right]^{\frac{1}{4}} = \left[\frac{P_t G^2 \lambda^2 \sigma}{(4\pi)^3 S_{min}}\right]^{\frac{1}{4}} \quad \text{m} \tag{4-12}$$

由此可见，为了使雷达的最大作用距离增加一倍，必须将峰值功率 $P_t$ 增加 16 倍，或者将有效孔径等效地增加 4 倍。

式(4－11)和式(4－12)表明了最大作用距离 $R_{max}$ 和雷达参数以及目标特性之间的关系。在式(4－12)中，第一个等式中 $R_{max}$ 与 $\lambda^{\frac{1}{2}}$ 成反比，而在第二个等式中 $R_{max}$ 却和 $\lambda^{\frac{1}{2}}$ 成正比，看似矛盾，其实并不矛盾。这是由于在第一个等式中，当天线面积不变、波长 $\lambda$ 增加时，天线增益下降导致作用距离减小；而在第二个等式中，当天线增益不变、波长增大时，要求的天线面积亦相应增大，有效面积增加，其结果使作用距离加大。雷达的工作波长是系统的主要参数，它的选择将影响到诸如发射功率、接收灵敏度、天线尺寸和测量精度等众多因素，因而要全面考虑衡量。

上述的雷达方程虽然给出了作用距离和各参数间的定量关系，但因未考虑设备的实际损耗、噪声和环境因素的影响，而且方程中还有两个不可能准确预测的量，即目标有效反射面积 $\sigma$ 和最小可检测信号 $S_{min}$，因此其常作为一个估算公式，用来考察雷达各参数对作用距离影响的程度。

在实际情况中，雷达所接收的回波信号一直都会受到接收机内部噪声以及外部干扰的作用。为了对这种作用予以描述，一般会引入噪声系数，该系数指的是接收机输入端的信噪比与输出端的信噪比的比值，其在物理层面的含义是：接收机内部噪声的作用导致信噪比变差的程度。假定接收机输入信噪比（即信号与噪声的功率之比）和输出信噪比分别为 $(\mathrm{SNR})_i$、$(\mathrm{SNR})_o$。$S_i$ 为接收机的输入信号功率，$N_i$ 为接收机的输入噪声功率，$N_o$ 为接收机的输出噪声功率，接收机的增益为 $G_o$，则接收机的噪声系数 $F$ 为

$$F=\frac{(\mathrm{SNR})_i}{(\mathrm{SNR})_o}=\frac{S_i/N_i}{\dfrac{S_iG_o}{N_o}}=\frac{N_o}{N_iG_o} \tag{4-13}$$

由于接收机输入噪声功率 $N_i=kT_0B$（$k$ 为波尔兹曼常数，$T_0$ 为标准室温，一般取 290 K，$B$ 为接收机带宽)，代入式(4－13)，则输入端信号功率为

$$S_i=kT_0BF(\mathrm{SNR})_o \quad \mathrm{W} \tag{4-14}$$

若雷达的检测门限设置为最小输出信噪比 $(\mathrm{SNR})_{omin}$，则最小可检测信号功率可表示为

$$S_{imin}=kT_0BF(\mathrm{SNR})_{omin} \quad \mathrm{W} \tag{4-15}$$

将式(4－15)分别代入式(4－11)和式(4－12)，并用 $L$ 表示雷达各部分的损耗，可得

$$(\mathrm{SNR})_{omin}=\frac{P_tG^2\lambda^2\sigma}{(4\pi)^3kT_0BFLR_{max}^4}=\frac{P_tA_r^2\sigma}{4\pi\lambda^2kT_0BFLR_{max}^4} \tag{4-16}$$

$$R_{max}=\left[\frac{P_tG^2\lambda^2\sigma}{(4\pi)^3kT_0BFL(\mathrm{SNR})_{omin}}\right]^{\frac{1}{4}}=\left[\frac{P_tA_r^2\sigma}{4\pi\lambda^2kT_0BFL(\mathrm{SNR})_{omin}}\right]^{\frac{1}{4}} \tag{4-17}$$

式(4－16)和式(4－17)是雷达方程的两种基本形式。在早期雷达中，常通过各类显示器来查看目标信号，于是将$(\mathrm{SNR})_{\mathrm{omin}}$称作识别系数或者可见度因子。然而，现代雷达是运用建立在统计检测理论基础上的统计判决方式来达成信号检测，检测目标信号所需的最小输出信噪比被称为检测因子(Detectability Factor)$D_0$，也就是说$D_0=(\mathrm{SNR})_{\mathrm{omin}}$。$D_0$就是在满足所需检测性能(也就是检测概率是$P_{\mathrm{d}}$，虚警概率是$P_{\mathrm{fa}}$)时，检测之前单个脉冲需要达到的最小信噪比，也常常被表示为$D_0(1)$，这里的“1”意味着单个脉冲。而现代雷达通常需要针对一个波位的多个脉冲回波信号进行积累，以此来提升信噪比，在相同的检测性能之下能够降低发射功率和对单个脉冲回波的信噪比要求，因此，常常使用$D_0(M)$来表示目标检测前对$M$个脉冲回波信号进行积累时对于单个脉冲回波信噪比的要求，具体会在后文中做出解释。

对于简单的脉冲雷达，能够近似地认为发射信号带宽$B$是时宽$T$的倒数，也就是$B\approx 1/T$，$T\cdot B\approx 1$。但是，现代雷达为了降低峰值功率，一般会采用大的时宽带宽积$(T\cdot B)$信号，发射信号的时宽$T$和带宽$B$的乘积远远大于1，即$T\cdot B\gg 1$。当用信号能量$E_{\mathrm{t}}=P_{\mathrm{t}}T$替代峰值功率$P_{\mathrm{t}}$，用检测因子$D_0$取代$(\mathrm{SNR})_{\mathrm{omin}}$时，考虑接收机带宽失配所导致的信噪比损耗，在雷达距离方程中添加带宽校正因子$C_{\mathrm{B}}\geqslant 1$(匹配时$C_{\mathrm{B}}=1$)，代入式(4－17)的雷达方程，则有

$$R_{\max}^4=\frac{(P_{\mathrm{t}}T)G^2\lambda^2\sigma}{(4\pi)^3kT_0FLC_{\mathrm{B}}D_0}=\frac{E_{\mathrm{t}}G^2\lambda^2\sigma}{(4\pi)^3kT_0FLC_{\mathrm{B}}D_0}=\frac{E_{\mathrm{t}}A_{\mathrm{r}}^2\sigma}{4\pi\lambda^2kT_0FLC_{\mathrm{B}}D_0} \tag{4-18}$$

式(4－18)针对单个脉冲时，$D_0$为$D_0(1)$。当有$n$个脉冲可以相干积累时，辐射的总能量提高了$n$倍，若探测性能相同，则式(4－18)可以表示为

$$R_{\max}^4=\frac{E_{\mathrm{t}}A_{\mathrm{r}}^2\sigma\cdot n}{4\pi\lambda^2kT_0FLC_{\mathrm{B}}D_0(1)}=\frac{E_{\mathrm{t}}A_{\mathrm{r}}^2\sigma}{4\pi\lambda^2kT_0FLC_{\mathrm{B}}D_0(n)} \tag{4-19}$$

用检测因子$D_0$和能量$E_{\mathrm{t}}$表示的雷达方程在使用时有以下优点：

① 用能量表示的雷达方程适用于各种复杂脉压信号的情况。这里考虑了脉冲压缩处理带来的信噪比的提高，并且只要知道峰值功率及发射脉宽，就可以估算作用距离，而不必考虑具体的波形参数。也就是说，只要发射信号的时宽带宽积相同，不管采用什么类型的调制波形，其作用距离也相同。

② 当有$n$个脉冲可以积累时，积累可改善信噪比，故检波器输入端的$D_0(n)$值可以下降。式(4－19)中$D_0(n)=D_0(1)/n$，也就是说，相干积累可以降低雷达对单个脉冲信噪比的要求。

上述基本雷达方程的适用场合主要有：

① 未考虑电磁波在实际传播环境中，各种传播媒介(如大气层的云雾、雨、雪等)以及地(海)面反射对电波传播产生的影响。

② 认为雷达波束指向目标，即天线方向图函数在方位和仰角维的最大值方向为目标方向。

## 4.1.2 计算分析

### 1. 计算实例

某C波段雷达收发共用天线，参数如下：工作频率 $f_0=5.6$ GHz，天线增益 $G=45$ dB，峰值功率 $P_t=1.5$ MW，脉冲宽度 $T=0.2$ μs，接收机的标准温度 $T=290$ K，噪声系数 $F=3$ dB，系统损耗 $L=4$ dB。假设目标散射截面积 $\sigma=0.1$ m²，当雷达波束指向目标时，若要求检测门限 $(\mathrm{SNR})_{\mathrm{omin}}=15$ dB，计算雷达的最大作用距离 $R_{\max}$。利用雷达方程(4-17)，例题参数如表4-1所列。

表4-1　例题参数表

| 参数名称 | 参数数值 | | |
|---|---|---|---|
| | 真　值 | [dB] | [dB]两位有效小数 |
| 发射天线功率 $P_t$/W | 1 500 000 | 61.760 9 | 61.760 0 |
| 收发天线增益 $G^2$ | 1 000 000 000 | 90.000 0 | 90.000 0 |
| 波长 $\lambda^2$ | 0.002 875 1 | −25.413 5 | −25.410 0 |
| 目标的散射截面积 $\sigma$/m² | 0.1 | −10.000 0 | −10.000 0 |
| $(4\pi)^3$ | 1 981.385 2 | 32.969 7 | 32.970 0 |
| $kT_0$ | $10^{-21}$ | −203.977 2 | −203.980 0 |
| 带宽 $B$/Hz | 5 000 000 | 66.989 7 | 66.990 0 |
| 接收机的噪声系数 $F$/dB | 1.995 3 | 3.000 0 | 3.000 0 |
| 系统损耗 $L$/dB | 2.511 89 | 4.000 0 | 4.000 0 |
| 最小输出信噪比 $(\mathrm{SNR})_{\mathrm{omin}}$/dB | 31.662 8 | 15.000 0 | 15.000 0 |
| 最大作用距离 $R_{\max}$/km | 91.019 0 | 49.519 3 | 49.59 |

根据式(4-17)可得

$$R_{\max}=\left[\frac{P_t G^2\lambda^2\sigma}{(4\pi)^3 kT_0 BFL(\mathrm{SNR})_{\mathrm{omin}}}\right]^{\frac{1}{4}}$$

$$=\left[\frac{1\,500\,000\times1\,000\,000\,000\times0.002\,875\,1\times0.1}{1\,981.38\times10^{-21}\times5\,000\,000\times1.995\,3\times2.511\,89\times31.622\,8}\right]^{\frac{1}{4}}$$

$$=91\ \mathrm{km}$$

以上公式中参数含义及单位如表4-2所列。

表 4－2　公式参数表

| 参数变量 | 参数含义 | 单　位 |
|---|---|---|
| $R_{max}$ | 最大作用距离 | m |
| $P_t$ | 发射功率 | W |
| $G$ | 收发天线增益 | dB |
| $\lambda$ | 波长 | m |
| $\sigma$ | 目标的散射截面积 | $m^2$ |
| $k$ | 波尔兹曼常数 | J/K |
| $T_0$ | 标准室温 | K |
| $B$ | 带宽 | Hz |
| $F$ | 接收机的噪声系数 | dB |
| $L$ | 系统损耗 | dB |
| $(SNR)_{omin}$ | 最小输出信噪比 | dB |

## 2. 软件操作流程

使用手机绘算软件进入“公式管理”界面，选择“扫码添加公式”，扫描方程二维码，进入如图 4－2 所示界面，点击“计算”按钮即可得出数值。

图 4－2　雷达方程公式计算示意图

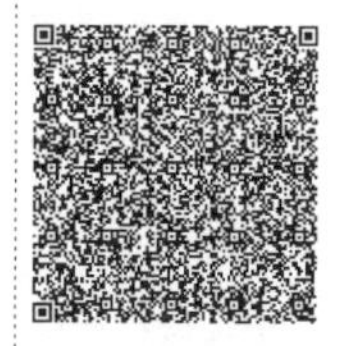

雷达方程
公式计算
二维码(真值)

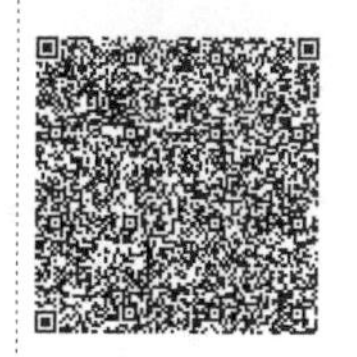

雷达方程
公式计算
二维码(dB 值)

基本雷达方程
公式计算
二维码(无损耗)

### 3. 变量关系绘图分析

① 通过雷达方程（真值）计算公式绘制信号工作波长为 0.01～1 m 时，雷达最大作用距离随之变化的范围。

绘图：选择 $x$ 轴变量，设置起始值、最大值以及跨度，并选择“直角坐标”或“极坐标”，多变量绘图时需添加条件，点击绘图，如图 4－3 所示。

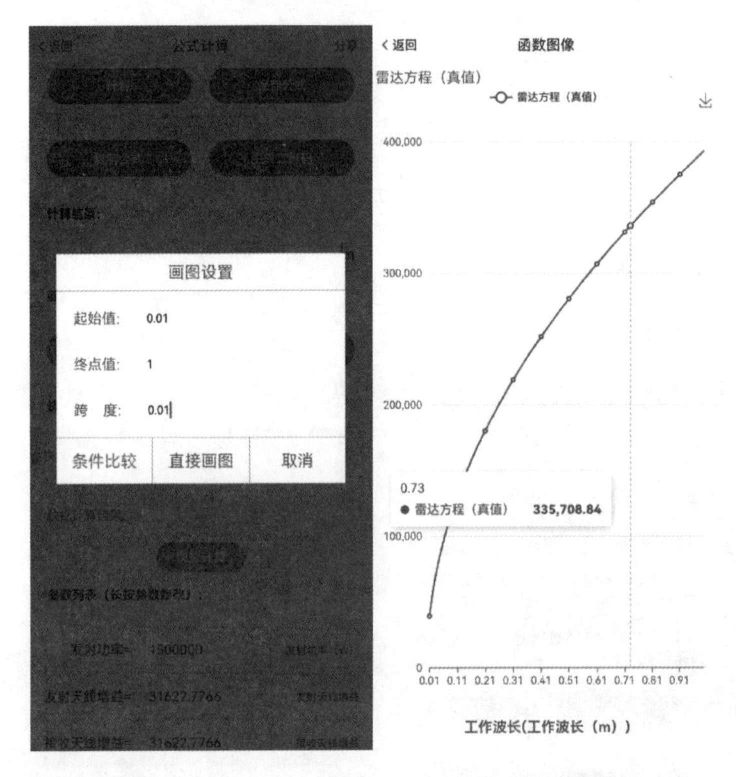


**图 4－3　雷达最大作用距离随工作波长的变化绘图**

② 通过雷达方程（dB 值）计算公式绘制雷达天线增益为 0～50 dB 时，雷达最大作用距离随之变化的范围。

绘图：选择 $x$ 轴变量，设置起始值、最大值以及跨度，并选择“直角坐标”或“极坐标”，多变量绘图时需添加条件，点击绘图，如图 4－4 所示。

雷达方程在雷达技术领域具有至关重要的作用，它为预测雷达系统的探测距离提供了理论依据。通过雷达方程，可以计算出在特定条件下，雷达能够有效探测到目标的最大距离，从而为雷达的应用场景和工作范围提供明确的界定。

雷达方程有助于评估雷达系统的性能。通过对雷达方程中各参数的分析和计算，可以了解雷达在不同环境、目标特性以及系统配置下的性能表现，如探测概率、测距精度等。另外，雷达方程在雷达系统的设计和优化方面发挥着关键作用。它能够指导工程师在设计过程中合理选择和调整雷达的各项参数，如发射功率、天线增益、接收机灵敏度等，以实现最优的系统性能。

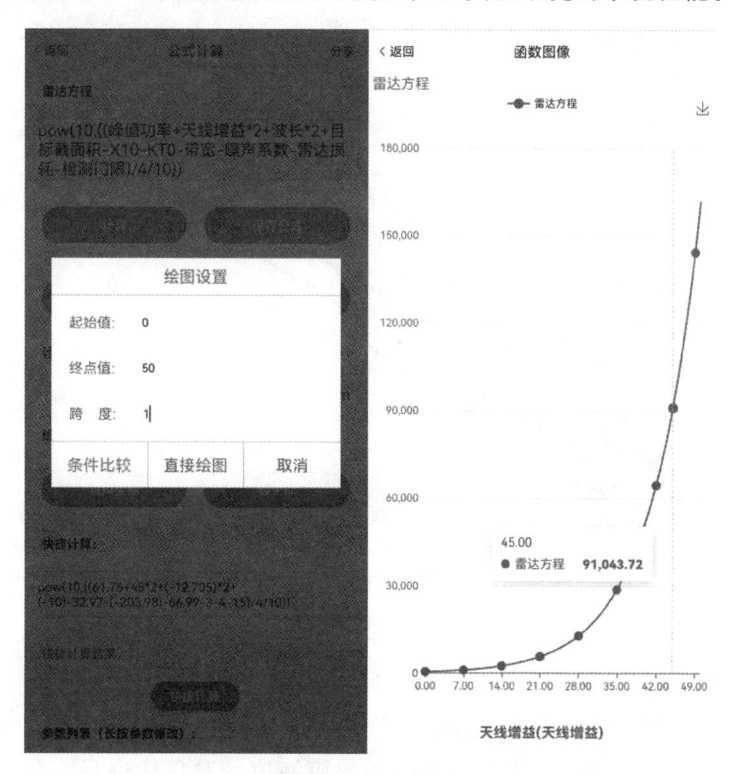


**图 4-4　雷达最大作用距离随天线增益的变化绘图**

雷达方程还可以用于分析和解决雷达在实际应用中可能遇到的问题。例如，当雷达在复杂的电磁环境中性能下降时，可以借助雷达方程来找出影响因素，并采取相应的措施加以改进。

综上所述，雷达方程是雷达技术中不可或缺的重要工具，对于雷达系统的研发、应用和性能提升具有重要的指导意义。

## 4.2　二次雷达方程

### 4.2.1　原理描述

一次雷达是通过目标对其发射的电磁波的反射来主动发现目标并明确其位置的。而二次雷达无法依靠接收目标反射的脉冲来工作。如图 4-5 所示，假设地面站（通常称为询问机）借助天线的方向性波束发射频率为 1 030 MHz 的一组询问编码脉冲，当天线的波束指向安装有应答机的飞机所在的方向时，应答机就会检测这组询问编码信号，并且判断编码信号的内容，随后由应答机采用 1 090 MHz 的频率发射一组回答编码脉冲。回答信号会被地面站检测，由录取器进行处理，并由它来测量目标的距离、方位、回答编码的内容等，形成关于目标的点迹报告，再传送到后续的设备。由于完成一次对目标的定位是依靠两次有源辐射来实现的，因而称其为二次雷达。

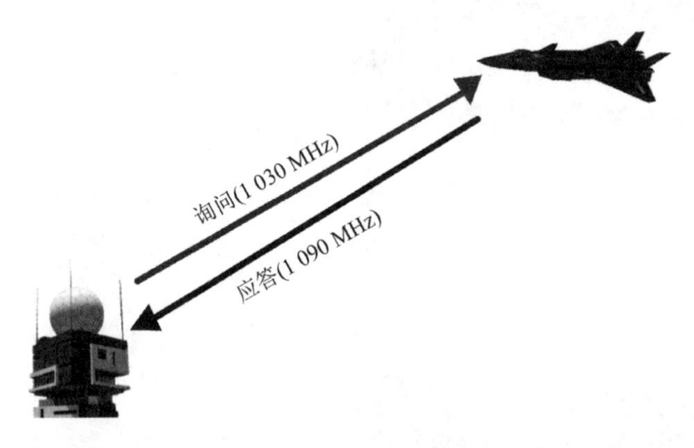


**图 4-5　二次雷达原理**

二次雷达与一次雷达有所差异，一次雷达是凭借目标散射出来的一部分能量去发现目标的，而二次雷达是在目标上配备了应答器(或者是在目标上设置了信标，由雷达对信标进行追踪)。当应答器接收到雷达信号后，会发射一个应答信号，雷达接收机依据所接收到的应答信号对目标进行检测与识别。由此可以看出，在二次雷达中，雷达发射的信号或者应答信号都仅仅经过单程的传输，不像在一次雷达中，发射信号需要经过双程传输才能够回到接收机。

下面推导二次雷达方程。设雷达发射功率为 $P_t$，发射天线增益为 $G_t$，则在距雷达 $R$ 处的功率密度为

$$S_1 = \frac{P_t G_t}{4\pi R^2} \tag{4-20}$$

若目标上应答机天线的有效面积为 $A'_r$，则其接收功率为

$$P_r = S_1 A'_r = \frac{P_t G_t A'_r}{4\pi R^2} \tag{4-21}$$

将关系式 $A_r = \dfrac{\lambda^2 G'_r}{4\pi}$ 代入式(4-21)，可得

$$P_r = \frac{P_t G_t G'_r \lambda^2}{(4\pi R)^2} \tag{4-22}$$

当接收功率 $P_r$ 达到应答器的最小可检测信号 $S'_{imin}$ 时，二次雷达系统可正常工作，即当 $P_r = S'_{imin}$ 时，雷达有最大作用距离 $R_{max}$ 为

$$R_{max}=\left[\frac{P_t G_t G'_r \lambda^2}{(4\pi)^2 S'_{imin}}\right]^{\frac{1}{2}} \tag{4-23}$$

当应答机检测到雷达信号后，则发射回答信号，此时雷达处于接收状态。设应答机的发射功率为 $P'_t$，天线增益为 $G'_t$，雷达的最小可检测信号为 $S_{imin}$，则同样可得到应答机工作时最大作用距离为

$$R'_{max}=\left[\frac{P'_t G'_t G_r \lambda^2}{(4\pi)^2 S_{imin}}\right]^{\frac{1}{2}} \tag{4-24}$$

由于在脉冲工作时的雷达和应答机都是收发共用天线，故 $G_t G'_r = G_t G'_r$。为了保证雷达能够有效地检测到应答器的信号，则必须满足以下条件，即

$$R'_{max} \geqslant R_{max} \text{ 或 } \frac{P'_t}{S_{imin}} \geqslant \frac{P_t}{S'_{imin}} \tag{4-25}$$

实际上，二次雷达的作用距离由 $R_{max}$ 和 $R'_{max}$ 二者中较小者决定，因此设计中使二者大体相等是合理的。

二次雷达的作用距离与发射机功率、接收机灵敏度的二次方根分别成正、反比关系，因此在相同探测距离的条件下，其发射功率和天线尺寸较一次雷达明显减小。

## 4.2.2 计算分析

### 1. 计算实例

假设发射天线功率为 1 MW，发射天线增益为 30 dB，接收天线增益为 30 dB，发射频率为 1 030 MHz，应答器最小接收功率为 20 W，计算发射雷达的最大作用距离，例题参数如表 4－3 所列。

表 4－3　例题参数表

| 参数名称 | 参数数值(真值) |
| --- | --- |
| 发射天线功率 $P_t$/W | 1 000 000 |
| 应答器天线功率 $P'_t$/W | 2 000 000 |
| 发射天线增益 $G_t$/dB | 1 000 |
| 接收天线增益 $G'_r$/dB | 1 000 |
| 雷达工作波长 $\lambda$/m | 0.29 |
| 应答器工作波长 $\lambda'$/m | 0.27 |
| 应答器最小接收功率 $S'_{imin}$/W | 20 |
| 雷达最小接收功率 $S_{imin}$/W | 25 |
| 最大作用距离 $R_{max}$/m | ? |

注意：天线增益 30 dB 要转换为真值。根据分贝的转换公式 dB＝

10log10($G$)，则 30 dB 对应的真值为 $10^3$。根据式(4－23)可得

$$R_{\max}=\left[\frac{P_tG_tG_r'\lambda^2}{(4\pi)^2S_{\mathrm{imin}}'}\right]^{\frac{1}{2}}=\left[\frac{1\,000\,000\times10^3\times10^3\times0.29\times0.29}{(4\pi)^2\times20}\right]^{\frac{1}{2}}$$
$$=5.16\ \mathrm{km}$$

假设应答机用 1 090 MHz 的频率发射一组回答编码脉冲，应答器发射天线功率为 2 MW，雷达最小接收功率为 25 W，根据式(4－24)可得应答器最大作用距离为

$$R_{\max}'=\left[\frac{P_t'G_t'G_r\lambda^2}{(4\pi)^2S_{\mathrm{imin}}}\right]^{\frac{1}{2}}=\left[\frac{2\,000\,000\times10^3\times10^3\times0.27\times0.27}{(4\pi)^2\times25}\right]^{\frac{1}{2}}$$
$$=6.08\ \mathrm{km}$$

两者取最小，故二次雷达的最大作用距离为 5.16 km。

以上公式中参数含义及单位如表 4－4 所列。

**表 4－4　公式参数表**

| 参数变量 | 参数含义 | 单　位 |
| --- | --- | --- |
| $R_{\max}$ | 最大作用距离 | m |
| $P_t$ | 发射天线功率 | W |
| $G_t$ | 发射天线增益 | dB |
| $G_r'$ | 接收天线增益 | dB |
| $\lambda$ | 雷达工作波长 | m |
| $S_{\mathrm{imin}}'$ | 应答器最小接收功率 | W |

## 2. 软件操作流程

使用手机绘算软件进入“公式管理”界面，选择“扫码添加公式”，扫描方程二维码，进入如图 4－6 所示界面，点击“计算”按钮即可得出数值。

二次雷达方程公式计算二维码

## 3. 变量关系绘图分析

绘制雷达发射功率为 1 kW～1 MW 时，雷达最大作用距离的变化。

绘图：选择 $x$ 轴变量，设置起始值、最大值以及跨度，并选择“直角坐标”或“极坐标”，多变量绘图时需添加条件，点击绘图，如图 4－7 所示。

二次雷达具有诸多优势：能获取包括距离、方位、气压高度、呼号以及特情告警信号等丰富多样的信息，为相关操作和决策提供更全面准确的数据支持；回波更强，让检测和识别目标变得更为轻松高效；询问应答频率独特，能有效消除地物杂波和气象杂波的干扰，不存在目标闪烁现象，使目标显示稳定清晰；对飞机设备的要求相对较低，只要飞机上的应答机正常工作即可，还能减少串扰和异步干扰，保障雷达系统的稳定可靠运行。

图 4－6　二次雷达方程公式计算示意图

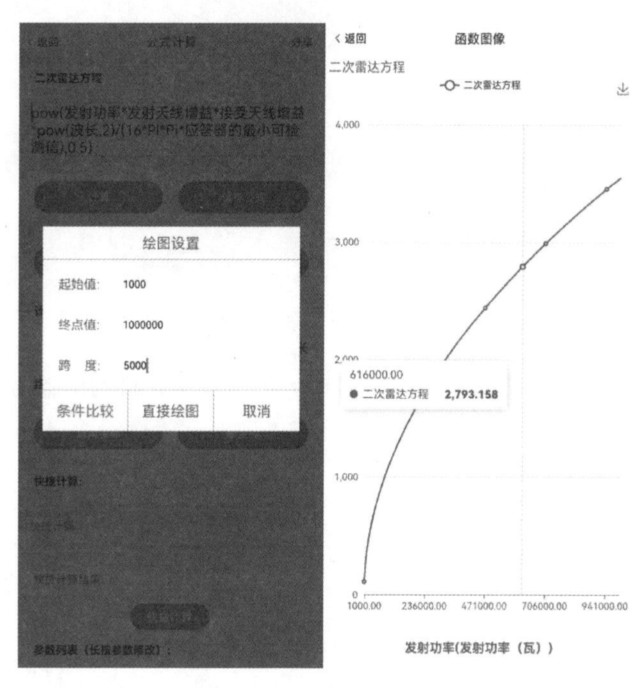


图 4－7　二次雷达最大作用距离与发射功率关系绘图

## 4.3 干扰条件下的雷达方程

### 4.3.1 原理描述

干扰条件下的雷达方程考虑了雷达信号在传播过程中可能遇到的干扰因素，如噪声、干扰信号等。这种情况下的雷达方程通常更加复杂，因为它需要同时考虑目标的回波信号和各种干扰信号的叠加。干扰条件下的雷达方程主要包括两部分：一部分是目标的回波信号，另一部分是干扰信号。目标的回波信号可以通过雷达方程的基本形式来计算，即发射的脉冲能量与接收到的回波能量之间的关系。而干扰信号的加入，使得雷达接收到的信号变得更为复杂，可能会导致目标回波的损失或者出现假回波。

雷达工作的环境除受到自然条件的影响外，还经常受到人为的干扰，特别是军用雷达，经常受到地方干扰机施放的干扰信号的干扰，被称为有源干扰或积极干扰；有时受到散布在空间的金属带等反射形成的干扰，被称为无源干扰或消极干扰。下面以有源干扰为例来进行介绍，雷达、目标和干扰机之间的位置关系如图 4-8 所示。

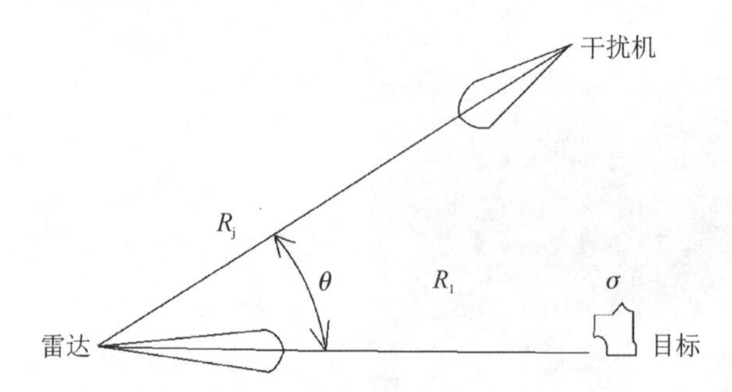


图 4-8 雷达、目标和干扰机之间的位置关系

设干扰机的发射功率为 $P_j$，干扰频带为 $\Delta f_j$，干扰机的增益为 $G_j$，干扰机到雷达的距离为 $R_j$，雷达天线对着干扰机方向的有效面积为 $A_{rj}$，则雷达接收到干扰的功率为

$$P_{rj}=\frac{P_j G_j A_{rj}}{4\pi R_j^2}\cdot\frac{\Delta f}{\Delta f_j} \tag{4-26}$$

式中，$\Delta f$ 为雷达接收机带宽，一般小于 $\Delta f_j$。将有效面积 $A_{rj}$ 用接收机增益 $G_r$ 代入式(4-26)，则式(4-26)可改写为

$$P_{rj}=\frac{P_j G_j G_r \lambda^2}{(4\pi)^2 R_j^2}\cdot\frac{\Delta f}{\Delta f_j} \tag{4-27}$$

若雷达的发射机功率为 $P_t$，发射机增益为 $G_t$，接收机增益为 $G_r$，损耗系数为 $L$，雷达到目标距离为 $R_S$，雷达目标截面积为 $\sigma$，则雷达接收到目标的功率为

$$P_r = \frac{P_t G_t G_r \lambda^2 \sigma}{(4\pi)^3 R_S^4 L} \tag{4-28}$$

当干扰信号与目标信号同时进入雷达接收机时，两者的功率之比为

$$\frac{P_r}{P_{rj}} = \frac{\Delta f_j P_t G_t \sigma R_j^2}{\Delta f 4\pi R_S^4 L P_j G_j} \tag{4-29}$$

为了能发现目标，则要求 $P_r/P_{rj}$ 足够大，并达到检测所需要的信杂比。若检测所需要的最小信杂比为 $\left(\frac{P_r}{P_{rj}}\right)_S$，并代入式(4－29)，则可求得最大作用距离为

$$R_S = \left(\frac{\Delta f_j P_t G_t \sigma R_j^2}{\Delta f 4\pi L P_j G_j \left(\frac{P_r}{P_{rj}}\right)_S}\right)^{\frac{1}{4}} \tag{4-30}$$

## 4.3.2　计算分析

### 1. 计算实例

已知检测所需最小信杂比，以及各参数取值如表 4－5 所列，计算雷达最大作用距离。

**表 4－5　例题参数表**

| 参数名称 | 参数数值(真值) |
|---|---|
| 雷达最大作用距离 $R_S$/m | ? |
| 雷达接收机带宽 $\Delta f$/Hz | 100 000 000 |
| 干扰频带 $\Delta f_j$/Hz | 300 000 000 |
| 发射机功率 $P_t$/W | 30 000 000 |
| 发射机增益 $G_t$/dB | 100 000 |
| 雷达目标截面积 $\sigma$/($m^2$) | 50 |
| 干扰机到雷达的距离 $R_j$/m | 10 000 |
| 干扰机发射功率 $P_j$/W | 1 000 000 |
| 干扰机增益 $G_j$/dB | 1 000 |
| 检测所需要的最小信杂比 $\left(\frac{P_r}{P_{rj}}\right)_S$ | 10 |
| 损耗系数 $L$/dB | 1.5 |

根据式(4-30)可得

$$R_S=\left(\frac{\Delta f_j P_t G_t \sigma R_j^2}{\Delta f 4\pi L P_j G_j\left(\frac{P_r}{P_{rj}}\right)_S}\right)^{\frac{1}{4}}$$

$$=\left(\frac{300\ 000\ 000\times 30\ 000\ 000\times 100\ 000\times 50\times 10\ 000\times 10\ 000}{100\ 000\ 000\times 4\pi\times 1.5\times 100\ 000\times 1\ 000\times 10}\right)^{\frac{1}{4}}$$

$$=699.001\ \text{m}$$

故雷达最大作用距离为 699.001 m。

以上公式中参数含义及单位如表 4-6 所列。

**表 4-6 公式参数表**

| 参数变量 | 参数含义 | 单 位 |
|---|---|---|
| $R_S$ | 雷达最大作用距离 | m |
| $\Delta f$ | 雷达接收机带宽 | Hz |
| $\Delta f_j$ | 干扰频带 | Hz |
| $P_t$ | 发射机功率 | W |
| $G_t$ | 发射机增益 | dB |
| $\sigma$ | 雷达目标截面积 | $m^2$ |
| $R_j$ | 干扰机到雷达的距离 | m |
| $P_j$ | 干扰机发射功率 | W |
| $G_j$ | 干扰机增益 | dB |
| $\left(\frac{P_r}{P_{rj}}\right)_S$ | 检测所需要的最小信杂比 | dB |
| $L$ | 损耗系数 | dB |

## 2. 软件操作流程

使用手机绘算软件进入“公式管理”界面，选择“扫码添加公式”，扫描公式二维码，进入如图 4-9 所示界面，点击“计算”按钮即可得出数值。

干扰条件下的雷达方程公式计算二维码

## 3. 变量关系绘图分析

绘制干扰机到雷达距离为 100～1 000 m 时，雷达最大距离的变化。

绘图：选择 $x$ 轴变量，设置起始值、最大值以及跨度，并选择“直角坐标”或“极坐标”，多变量绘图时需添加条件，点击绘图，如图 4-10 所示。

图 4－9　干扰条件下的雷达方程公式计算示意图

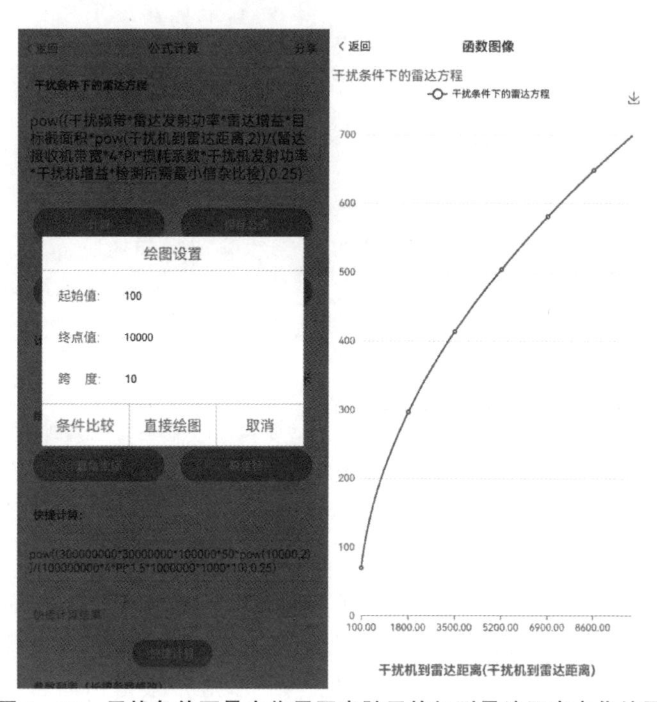


图 4－10　干扰条件下最大作用距离随干扰机到雷达距离变化绘图

# 4.4 搜索雷达方程

## 4.4.1 原理描述

搜索雷达的任务是在指定空域进行目标搜索。设整个搜索空域的立体角为$\Omega$,天线波束所张的立体角为$\beta$,扫描整个空域的时间为$T_f$,天线波束扫过点目标的驻留时间为$T_d$,则有

$$\frac{T_d}{T_f}=\frac{\beta}{\Omega} \tag{4-31}$$

下面讨论上述应用条件下,雷达参数如何选择最为合理。举例来说,当天线增益加大时,一方面使收发能量更集中,有利于提高作用距离;而另一方面天线波束$\beta$减小,扫过点目标的驻留时间缩短,可利用的脉冲数$M$减小,不利于发现目标。下面具体地分析各参数之间的关系。

将波束张角$\beta$和天线增益$G$的关系式$\beta=\frac{4\pi}{G}$,代入式(4-31),可得

$$\frac{4\pi}{G}=\frac{\Omega T_d}{T_f} \quad 或 \quad G=\frac{4\pi T_f}{\Omega T_d} \tag{4-32}$$

将上述关系代入雷达方程,且用峰值功率$P_t$与平均功率$P_0$的关系式$P_t=\frac{P_0 T_r}{\tau}$代入后,可得

$$R_{max}=\left[(P_0 G_t)\frac{T_f}{\Omega}\frac{\sigma\lambda^2}{(4\pi)^2 kT_0 F_n D_0 C_B L T_d f_r}\right]^{\frac{1}{4}} \tag{4-33}$$

式中,$T_r=\frac{1}{f_r}$,为雷达工作的重复周期。天线驻留时间的脉冲数$M=T_d f_r$,天线增益$G$与有效面积$A$的关系式为$G=\frac{4\pi A}{\lambda^2}$。将这些关系式代入式(4-33),并注意到$MD_0$乘积的含义,此时$D_0$应是积累$M$个脉冲后的检测因子$D_0(M)$。如果是理想的相参积累,则$D_0(M)=D_0(1)/M$,$MD_0(M)=D_0(1)$(在非相参积累时效率稍差)。考虑了以上关系式的雷达搜索方程为

$$R_{max}=\left[\frac{P_0 A T_f \sigma}{\Omega 4\pi k T_0 F_n D_0(1) C_B L}\right]^{\frac{1}{4}} \tag{4-34}$$

此式表明,当雷达处于搜索状态工作时,雷达的作用距离取决于发射机平均功率和天线有效面积的乘积,并与搜索时间$T_f$和搜索空域$\Omega$比值的四次方根成正比,而与工作波长无直接关系。因此,对搜索雷达而言应着重考虑$P_0 A$乘积的大小。由于平均功率和天线孔径乘积的数值受各种条件约束和

限制，故各个波段所能达到的 $P_0A$ 也不相同。此外，搜索距离还与 $T_f$、$\Omega$ 有关，增加允许的搜索时间或减小搜索空域，均能提高最大作用距离 $R_{max}$。

## 4.4.2　计算分析

### 1. 计算实例

设雷达平均功率为 15 kW，天线有效面积为 3 m$^2$，搜索时间为 2 s，搜索空域为 0.17，目标截面积为 1 m$^2$，玻尔兹曼常数为 $1.380\ 650\ 5\times10^{-23}$ J/K，标准室温为 290 K，噪声系数为 4，系统损耗 40 000，带宽校正因子为 0.3，检测因子为 1.1，计算最大作用距离，例题参数如表 4－7 所列。

**表 4－7　例题参数表**

| 参数名称 | 参数数值 |
|---|---|
| 最大作用距离 $R_{max}$/m | ? |
| 雷达平均功率 $P_0$/W | 15 000 |
| 天线有效面积 $A$/m$^2$ | 4 |
| 搜索时间 $T_f$/s | 2 |
| 目标截面积 $\sigma$/m$^2$ | 1 |
| 搜索空域 $\Omega$/rad | 0.5 |
| 标准室温 $T_0$/K | 290 |
| 噪声系数 $F_n$ | 4 |
| 带宽校正因子 $C_B$ | 1.3 |
| 检测因子 $D_0$ | 1.1 |
| 系统损耗 $L$/dB | 40 000 |

根据式(4－34)可得

$$R_{max}=\left[\frac{P_0AT_f\sigma}{\Omega 4\pi kT_0F_nD_0(1)C_BL}\right]^{\frac{1}{4}}$$

$$=\left[\frac{15\ 000\times4\times2\times1}{0.5\times4\pi\times1.38\times10^{-23}\times290\times4\ 000\times1.3\times1.1\times40\ 000}\right]^{\frac{1}{4}}$$

$$=67.58\ \text{km}$$

故最大作用距离为 67.58 km。以上公式中参数含义及单位如表 4－8 所列。

**表 4－8　公式参数表**

| 参数变量 | 参数含义 | 单　位 |
|---|---|---|
| $R_{max}$ | 最大作用距离 | m |
| $P_0$ | 雷达平均功率 | W |

续表 4-8

| 参数变量 | 参数含义 | 单　位 |
|---|---|---|
| $A$ | 天线有效面积 | $m^2$ |
| $T_f$ | 搜索时间 | s |
| $\sigma$ | 目标截面积 | $m^2$ |
| $\Omega$ | 搜索空域 | rad |
| $T_0$ | 标准室温 | K |
| $F_n$ | 噪声系数 | — |
| $C_B$ | 带宽校正因子 | — |
| $D_0$ | 检测因子 | — |
| $L$ | 系统损耗 | dB |

## 2. 软件操作流程

搜索雷达方程
公式计算
二维码

使用手机绘算软件进入“公式管理”界面，选择“扫码添加公式”，扫描公式二维码，进入如图 4-11 所示界面，点击“计算”按钮即可得出数值。

图 4-11　搜索雷达方程公式计算示意图

### 3. 变量关系绘图分析

上述其他参数条件不变，绘制搜索空域为 1～5 时，最大作用距离的变化。

绘图：选择 $x$ 轴变量，设置起始值、最大值以及跨度，并选择“直角坐标”或“极坐标”，多变量绘图时需添加条件，点击绘图，如图 4-12 所示。

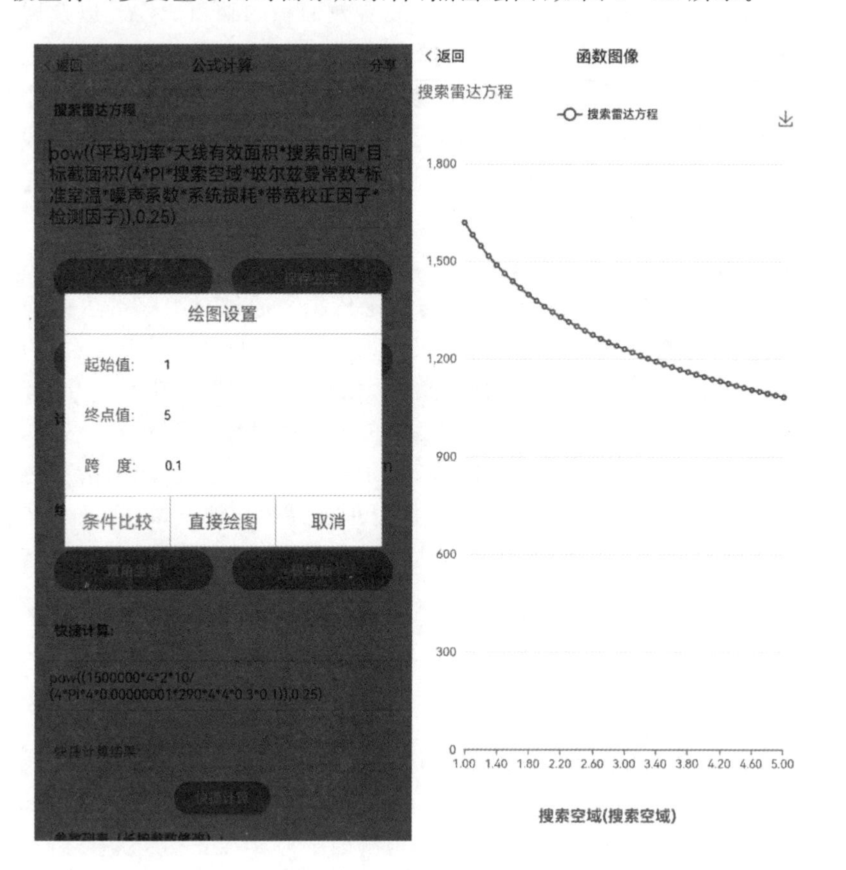


图 4-12　最大作用距离随搜索空域变化绘图

## 4.5 跟踪雷达方程

### 4.5.1 原理描述

在跟踪工作状态时跟踪雷达是在一段时间内连续跟踪一个目标，若在最大作用距离方程式中引入关系式 $P_t\tau = P_0 T_r$、$MT_r = t_0$，相参积累时的 $MD_0(M) = D_0(1)$ 以及 $G = \dfrac{4\pi A}{\lambda^2}$，则跟踪雷达方程可化简为如下形式：

$$R_{max}=\left[\frac{P_0A_rA_tt_0\sigma}{\lambda^2 4\pi kT_0F_nD_0(1)C_BL}\right]^{\frac{1}{4}} \tag{4-35}$$

注意:如果在跟踪时间内采用非相参积累,则 $R_{max}$ 将会有所下降。该方程是用于连续跟踪单个目标的雷达方程。从这个方程可以看到,若想要提升雷达的跟踪距离,就必须增大平均功率与天线有效面积的乘积 $P_0A_t$,以及增加跟踪时间 $t_0$(也就是脉冲积累时间)。同时,还可以看出,在天线孔径尺寸相同的情况下,减小工作波长 $\lambda$,同样能够增大跟踪距离。当选用较短的工作波长时,相同的天线孔径能够获得更窄的天线波束。对于跟踪雷达来说,天线波束越窄,跟踪精度就越高。因此,在通常情况下,跟踪雷达往往更倾向于选择较短的工作波长。

跟踪雷达方程的研究具有十分重要的意义,它为我们深入理解雷达跟踪单个目标的能力和性能提供了关键的理论依据。通过对跟踪雷达方程的研究,我们能够清晰地了解到影响雷达跟踪距离和精度的各种因素,从而为雷达系统的设计、优化和改进指明方向。例如,依据方程中平均功率、天线有效面积和跟踪时间等因素与跟踪距离的关系,可以有针对性地调整这些参数,以达到提高跟踪距离的目的;而对工作波长与天线波束宽窄以及跟踪精度之间关系的研究,则有助于在设计跟踪雷达时,合理选择工作波长,以实现更高的跟踪精度,满足各种实际应用场景对雷达性能的严格要求。

## 4.5.2 计算分析

### 1. 计算实例

设雷达平均功率为 15 000 W,接收天线有效面积为 10 $m^2$,发射天线有效面积为 10 $m^2$,工作波长为 0.2 m,跟踪时间为 2 s,雷达截面积为 0.5 $m^2$,接收机有效温度为 290 K,噪声系数为 4,检测因子为 3,校正因子为 1.5,系统损耗为 5,计算雷达的最大作用距离,例题参数如表 4-9 所列。

表 4-9 例题参数表

| 参数名称 | 参数数值 |
| --- | --- |
| 最大作用距离 $R_{max}$/m | ? |
| 雷达平均功率 $P_0$/W | 15 000 |
| 接收天线有效面积 $A_r/m^2$ | 1 |
| 发射天线有效面积 $A_t/m^2$ | 1 |
| 波长 $\lambda$/m | 0.2 |
| 跟踪时间 $t_0$/s | 1 |
| 雷达截面积 $\sigma/m^2$ | 0.5 |

续表 4-9

| 参数名称 | 参数数值 |
| --- | --- |
| 接收机有效温度 $T$/K | 290 |
| 噪声系数 $F_n$ | 10 |
| 检测因子 $D_0$ | 30 |
| 带宽校正因子 $C_B$ | 1.5 |
| 系统损耗 $L$/dB | 5 000 |

根据式(4-35)可得

$$R_{max} = \left[\frac{P_0 A_r A_t t_0 \sigma}{\lambda^2 4\pi k T_0 F_n D_0 (1) C_B L}\right]^{\frac{1}{4}}$$

$$= \left[\frac{15\ 000 \times 1 \times 1 \times 1 \times 0.5}{0.2 \times 0.2 \times 4\pi \times 1.38 \times 10^{-23} \times 290 \times 10 \times 30 \times 1.5 \times 5\ 000}\right]^{\frac{1}{4}}$$

$$= 63.8\ \text{km}$$

故雷达的最大作用距离为 63.8 km。

以上公式中参数含义及单位如表 4-10 所列。

表 4-10　公式参数表

| 参数变量 | 参数含义 | 单　位 |
| --- | --- | --- |
| $R_{max}$ | 最大作用距离 | m |
| $P_{av}$ | 雷达平均功率 | W |
| $A_r$ | 接收天线有效面积 | m² |
| $A_t$ | 发射天线有效面积 | m² |
| $\lambda$ | 波长 | m |
| $t_0$ | 跟踪时间 | s |
| $\sigma$ | 雷达截面积 | m² |
| T | 接收机有效温度 | K |
| $F_n$ | 噪声系数 | — |
| $D_0$ | 检测因子 | — |
| $C_B$ | 带宽校正因子 | — |
| $L$ | 系统损耗 | dB |

## 2. 软件操作流程

使用手机绘算软件进入“公式管理”界面，选择“扫码添加公式”，扫描方程二维码，进入如图 4-13 所示界面，点击“计算”按钮

图 4-13　跟踪雷达方程公式计算示意图

跟踪雷达方程公式计算二维码

即可得出数值。

### 3. 变量关系绘图分析

上述其他参数条件不变，绘制跟踪时间为 0～10 s 时，雷达最大作用距离的变化。

绘图：选择 $x$ 轴变量，设置起始值、最大值以及跨度，并选择“直角坐标”或“极坐标”，多变量绘图时需添加条件，点击绘图，如图 4-14 所示。

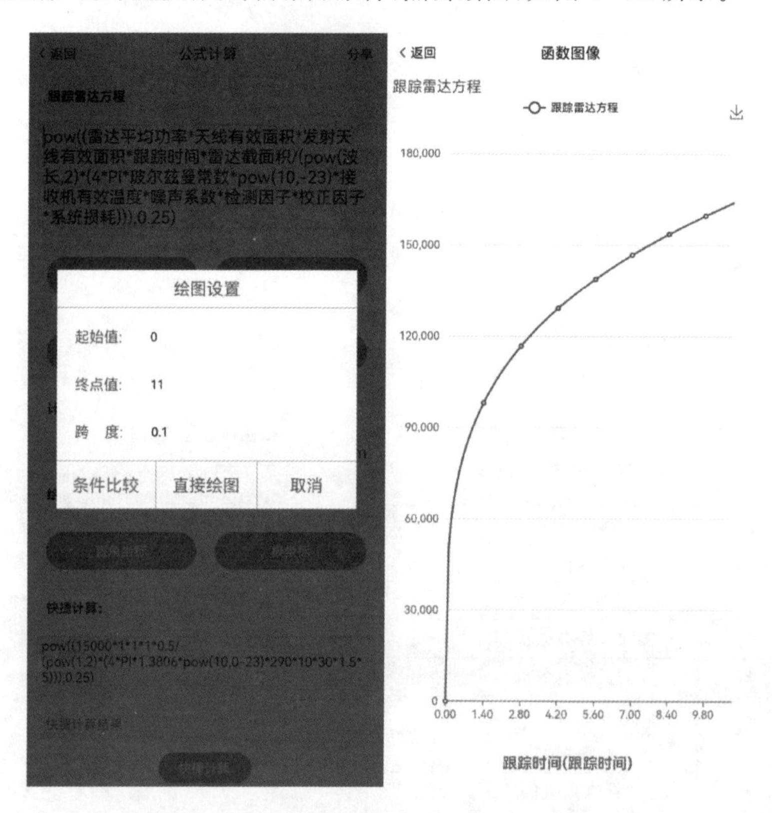


**图 4-14　最大作用距离随跟踪时间变化绘图**

## 4.6　双基地雷达方程

### 4.6.1　原理描述

如图 4-15 所示，与传统的单基地雷达不同，双基地雷达的发射机和接收机是分开设置的。这就像是有两个观察者，一个负责发出“询问”，另一个负责接收“回答”。

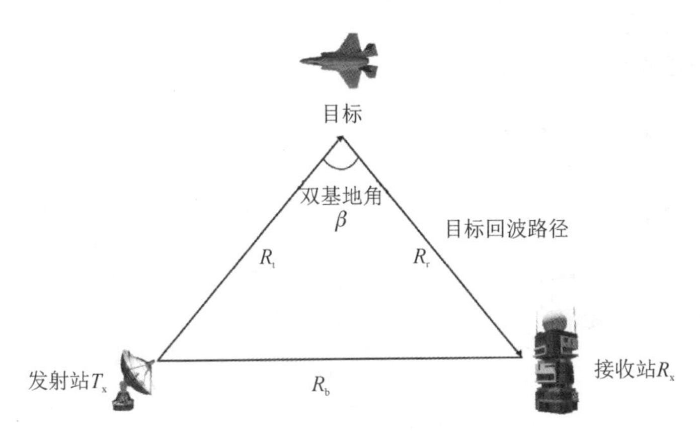


**图 4-15　双基地雷达几何结构**

双基地雷达方程可以用与单基地方程完全相同的办法推导。设目标距离发射机的距离为 $R_t$，目标经发射功率照射后在接收机方向也将产生散射功率，其散射功率的大小由双基地雷达截面积 $\sigma_b$ 来决定，如果目标距离接收站的距离为 $R_r$，则双基地雷达方程为

$$(R_t R_r)_{\max}=\left[\frac{P_t \tau G_t G_r \sigma_b \lambda^2 F_t^2 F_r^2}{(4\pi)^3 k T_0 F_n C_B D_0 L}\right]^{\frac{1}{2}} \tag{4-36}$$

式中，$F_t$、$F_r$ 分别为发、收天线的方向图传播因子，其主要反映反射面多径效应产生的干涉现象。

从式(4-36)来看，似乎在 $R_t$、$R_r$ 中，当一个非常小时，另一个可以任意大；而事实上，由于几何结构上的原因，$R_t$ 和 $R_r$ 受到如下两个基本限制：

$$|R_t-R_r|\leqslant R_b \tag{4-37}$$

$$R_t+R_r\geqslant R_b \tag{4-38}$$

在实际雷达观测时，目标均处于天线的远场区。

当无多径效应而 $F_t=F_r=1$，且双基地雷达方程中各项均不改变时，乘积 $R_t R_r=c$(常数)所形成的几何轮廓在任何含有发射-接收轴线的平面内都是 Cassini 卵形线。双基地雷达探测的几何关系较单基地雷达要复杂得多。

双基地雷达方程具有一个显著特征，即方程采用双基地雷达截面积 $\sigma_b$ 这一概念。单基地雷达的截面积由目标的后向散射特性决定，并且依赖于观测目标的角度(姿态角)，即 $\sigma_m=\sigma_m(\theta,\varphi)$。双基地雷达的截面积则不受单一后向散射影响，而是一个由发射站和接收站的姿态角共同决定的函数，即 $\sigma_b=\sigma_b(\theta_t,\varphi_t,\theta_r,\varphi_r)$。

已有研究探讨了标准几何形状在单基地和双基地雷达截面积方面的关系，并得出了一些初步结论。然而，对于复杂目标，如飞机和舰船等，其单基地雷达截面积 $\sigma_m$ 与双基地雷达截面积 $\sigma_b$ 之间的确切联系，以及它们可能面临的特殊问题，仍然是需要深入研究和探索的领域。这些研究对于理解和优化双基地雷达的性能至关重要。

## 4.6.2 计算分析

### 1. 计算实例

已知双基地雷达截面积为 1 $m^2$，其他雷达参数设置如表 4-11 所列，计算雷达作用最大距离。

表 4-11 例题参数表

| 参数名称 | 参数数值(真值) |
| --- | --- |
| 最大作用距离 $(R_tR_r)_{max}$ | ? |
| 雷达发射功率 $P_t$/W | 15 000 |
| 脉冲宽度 $\tau/\mu s$ | 1 |
| 发射天线增益 $G_t$ | 1 000 |
| 接收天线增益 $G_r$ | 1 000 |
| 双基地雷达截面积 $\sigma_b/m^2$ | 1 |
| 波长 $\lambda$/m | 0.1 |
| 发射天线传播因子 $F_t$ | 1 |
| 接收天线传播因子 $F_r$ | 1 |
| 接收机有效温度 $T_0$ | 290 |
| 噪声系数 $F_n$ | 3 |
| 检测因子 $D_0$ | 8 |
| 带宽校正因子 $C_B$ | 1.5 |
| 系统损耗 $L$ | 4 000 |

根据式(4-36)可得

$$(R_tR_r)_{max}=\left[\frac{P_t\tau G_tG_r\sigma_b\lambda^2F_t^2F_r^2}{(4\pi)^3kT_0F_nC_BD_0L}\right]^{\frac{1}{2}}$$

$$=\left[\frac{15\,000\times1\times1\,000\times1\,000\times1\times(0.1\times1\times1)^2}{(4\pi)^3\times1.38\times10^{-23}\times3\times8\times1.5\times4\,000}\right]^{\frac{1}{2}}$$

$$=3.62\times10^8\ \text{km}$$

故雷达最大作用距离为 $3.62\times10^8$ km。

以上公式中参数含义及单位如表 4-12 所列。

表 4-12　公式参数表

| 参数变量 | 参数含义 | 单　位 |
|---|---|---|
| $(R_tR_r)_{max}$ | 最大作用距离 | m |
| $P_t$ | 雷达发射功率 | W |
| $\tau$ | 脉冲宽度 | $\mu$s |
| $G_t$ | 发射天线增益 | — |
| $G_r$ | 接收天线增益 | — |
| $\sigma_b$ | 双基地雷达截面积 | $m^2$ |
| $\lambda$ | 波长 | m |
| $F_t$ | 发射天线传播因子 | — |
| $F_r$ | 接收天线传播因子 | — |
| $T_0$ | 接收机有效温度 | K |
| $F_n$ | 噪声系数 | — |
| $D_0$ | 检测因子 | — |
| $C_B$ | 带宽校正因子 | — |
| $L$ | 系统损耗 | — |

‹返回　公式计算　分享

双基地雷达方程

pow((雷达发射功率*脉冲宽度*发射天线增益*接收天线增益*双基地雷达截面积*pow((波长*发天线传播因子*收天线传播因子),2)/(pow((4*PI),3)*玻尔兹曼常数*pow(10,(-23))*接收机有效温度*噪声系数*检测因子*带宽校正因子*系统损耗)),0.5)

计算　保存公式

复制公式　生成二维码

计算结果:

Y=362083677.1806495　米

绘图:

直角坐标　极坐标

快捷计算:

pow((150000*0.000001*10000*10000*1*pow((0.1*1*1),2)/(pow((4*PI),3)*1.380649*pow(10,(-23))*290*3*8*1.5*4000)),0.5)

快捷计算结果:

图 4-16　双基地雷达方程公式计算示意图

## 2. 软件操作流程

使用手机绘算软件进入“公式管理”界面，选择“扫码添加公式”，扫描方程二维码，进入如图 4-16 所示界面，点击“计算”按钮即可得出数值。

双基地雷达方程公式计算二维码

## 3. 变量关系绘图分析

上述其他参数条件不变，绘制雷达截面积为 0～10 $m^2$ 时，雷达最大作用距离的变化。

绘图：选择 $x$ 轴变量，设置起始值、最大值以及跨度，并选择“直角坐标”或“极坐标”，多变量绘图时需添加条件，点击绘图，如图 4-17 所示。

在实际应用中，双基地雷达具有一些独特的优势。由于发射机和接收机的分离，双基地雷达在对抗干扰、提高隐蔽性和生存能力方面表现出色。对于某些特殊的场景，如山区、城市环境等，双基地雷达能够提供更全面和准确的信息。然而，双基地雷达也面临着一些挑战，例如，信号传播路径的复杂性增加导致计算和分析更加困难。另外，目标定位的难度也相对较高，需要更复杂的算法和技术来解决。尽管如此，双基地雷达方程的研究和应用仍在不断发展和推进。科学家和工程师们正在努力克服困难，挖掘双基地雷达的巨大潜力，为雷达技术的发展开辟新的道路。

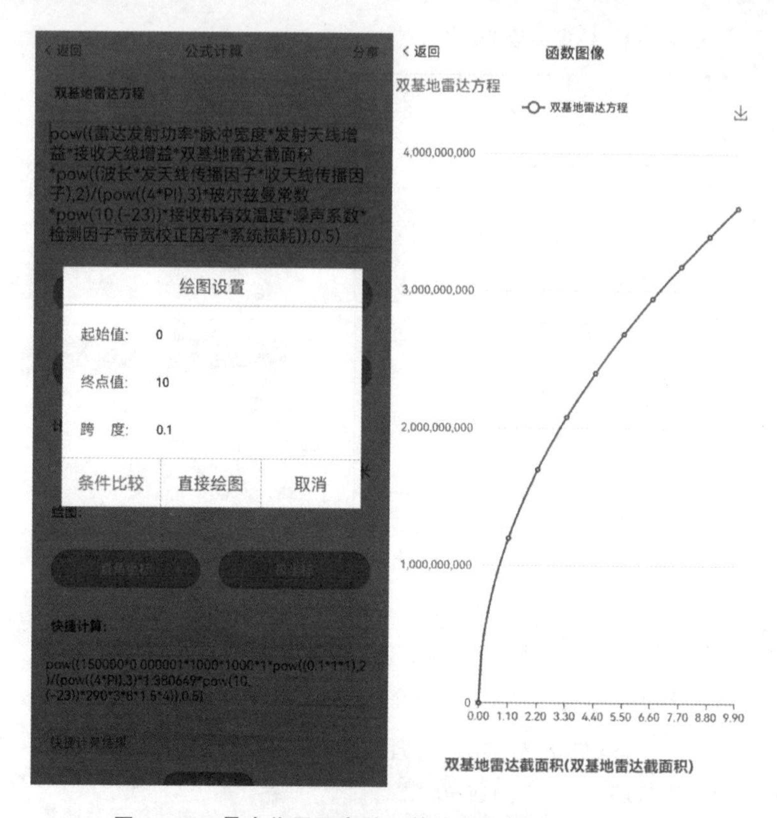


图 4-17　最大作用距离随双基地雷达截面积变化绘图

## 4.7　用信号能量表示的雷达方程

### 4.7.1　原理描述

使用信号能量来表示雷达方程，其形式和传统基于功率的雷达方程有所不同，但基本原理相同。传统的雷达方程基于功率(单位时间内的能量)，而基于信号能量的雷达方程关注的是整个脉冲周期内传输的总能量，即信号在传输过程中所携带的能量。

在推导自由空间雷达方程时，首先得到的是以发射功率 $P_t$ 表示的雷达方程，即

$$R_{\max}=\left[\frac{P_t G_t G_r \lambda^2 \sigma}{(4\pi)^3 k T_0 B_n F_n (\mathrm{SNR})_{\mathrm{omin}}}\right]^{\frac{1}{4}}=\left[\frac{P_t A_t A_r \sigma}{4\pi\lambda^2 k T_0 B_n F_n (\mathrm{SNR})_{\mathrm{omin}}}\right]^{\frac{1}{4}} \tag{4-39}$$

从式(4-39)可以看出，如果发射和接收天线的增益一定，由于天线增益

$G$ 和天线有效面积 $A$ 满足

$$G = 4\pi A/\lambda^2 \tag{4-40}$$

则波长越短，天线有效面积 $A$ 越小，最大作用距离正比于波长 $\lambda$ 的平方根；反之，当 $A_t$ 和 $A_r$ 一定时，$R_{max}$ 反比于波长 $\lambda$ 的平方根。

最小可检测信号 $S_{imin}$ 为

$$S_{imin} = kT_0 B_n F_n (SNR)_{omin} \tag{4-41}$$

当检波器输入端信噪比 $(SNR)_{omin}$ 用检测因子 $D_0 = (E_r/N_0)_{min}$ 表示时，如果信号为简单脉冲，则可得用能量表示的最小可检测信号为

$$S_{imin} = kT_0 F_n \left(\frac{E_r}{N_0}\right)_{min} \frac{1}{\tau} = kT_0 F_n D_0 \frac{1}{\tau} \tag{4-42}$$

将式(4－42)整合到原始雷达方程中，便能得到一个通用的表达式，该表达式使用信号能量 $E_t = P_t\tau$ 来描述。在此定义中，检测因子 $D_0$ 表示中频滤波器采用匹配滤波技术，而 $G_B$ 则反映了中频滤波器失配对性能的影响。这个方程揭示了一个重要原理：增加发射机的能量输出是提升接收机接收能量，进而改善雷达系统作用距离的关键方法。这可以通过提高峰值功率或者增加脉冲宽度 $\tau$ 来实现。然而，一方面，提升峰值功率可能会受到发射管和传输线路容量的限制。另一方面，单纯增加脉冲宽度虽然可以增加信号能量，但也会降低雷达的距离分辨率。因此，研究和采用新的信号形式变得至关重要，这些信号应具备较大的信号持续时间和优异的距离分辨率，例如，线性调频(LFM)信号或离散编码信号等具有大的时宽带宽积特性的信号(也就是可压缩信号)。

由于匹配滤波器在输出端能提供最大的信噪比，且这一信噪比与信号能量成正比，因此上述推导出的方程适用于所有类型的信号。这表明，无论信号的具体形式如何，通过优化信号能量，都可以提高雷达系统的性能。

当 $M$ 个等幅脉冲相参积累后可将信噪功率比提高为原来的 M 倍，从而使检测因子 $D_0(M)$ 降低到 $1/M$，即 $D_0(M) = D_0(1)/M$。将该相参积累的关系式代入雷达方程，可得

$$R_{max} = \left[\frac{E_t G_t A_r \sigma}{(4\pi)^2 k T_0 F_n D_0(M) C_B}\right]^{\frac{1}{4}} = \left[\frac{M E_t G_t A_r \sigma}{(4\pi)^2 k T_0 F_n D_0(1) C_B}\right]^{\frac{1}{4}} \tag{4-43}$$

即由总能量 $ME_t$ 来决定雷达的探测距离。当单个脉冲能量 $E_t$ 一定时，为获得 $M$ 个脉冲积累需要耗费时间资源。

## 4.7.2　计算分析

### 1. 计算实例

设雷达总能量为 15 J，天线有效面积为 3 m$^2$，天线增益为 10 dB，目标截

面积为 1 $m^2$，玻尔兹曼常数为 $1.380\,650\,5\times10^{-23}$ J/K，标准室温为 290 K，噪声系数为 4，带宽校正因子为 1.3，检测因子为 1.1，计算最大作用距离，例题参数如表 4－13 所列。

**表 4－13　例题参数表**

| 参数名称 | 参数数值 |
| --- | --- |
| 最大作用距离 $R_{max}$/m | ? |
| 总能量 $ME_t$/J | 15 |
| 天线增益 $G_t$ | 10 |
| 天线有效面积 $A_r$/$m^2$ | 3 |
| 目标截面积 $\sigma$/$m^2$ | 1 |
| 标准室温 $T_0$ | 290 |
| 噪声系数 $F_n$ | 4 |
| 带宽校正因子 $C_B$ | 1.3 |
| 检测因子 $D_0$ | 1.1 |

根据式(4－43)可得

$$R_{max}=\left[\frac{ME_tG_tA_r\sigma}{(4\pi)^2kT_0F_nD_0(1)C_B}\right]^{\frac{1}{4}}$$

$$=\left[\frac{15\times10\times3\times1}{(4\pi)^2\times1.38\times10^{-23}\times290\times4\times1.3\times1.1}\right]^{\frac{1}{4}}$$

$$=105.6\ \text{km}$$

故最大作用距离为 105.6 km。

以上公式中参数含义及单位如表 4－14 所列。

**表 4－14　公式参数表**

| 参数变量 | 参数含义 | 单　位 |
| --- | --- | --- |
| $R_{max}$ | 最大作用距离 | m |
| $ME_t$ | 雷达总能量 | J |
| $A_r$ | 天线有效面积 | $m^2$ |
| $G_t$ | 天线增益 | dB |
| $\sigma$ | 目标截面积 | $m^2$ |
| $T_0$ | 标准室温 | K |

续表 4－14

| 参数变量 | 参数含义 | 单　位 |
|---|---|---|
| $F_n$ | 噪声系数 | — |
| $C_B$ | 带宽校正因子 | — |
| $D_0$ | 检测因子 | — |

## 2. 软件操作流程

使用手机绘算软件进入“公式管理”界面，选择“扫码添加公式”，扫描方程二维码，进入如图 4－18 所示界面，点击“计算”按钮即可得出数值。

用信号能量表示的雷达方程公式计算二维码

图 4－18　用信号能量表示的雷达方程公式计算示意图

## 3. 变量关系绘图分析

上述其他参数条件不变，绘制天线有效面积在 1～5 $m^2$ 时，雷达最大作用距离的变化(间隔为 0.1 $m^2$)。

绘图：选择 $x$ 轴变量，设置起始值、最大值以及跨度，并选择“直角坐标”或“极坐标”，多变量绘图时需添加条件，点击绘图，如图 4－19 所示。

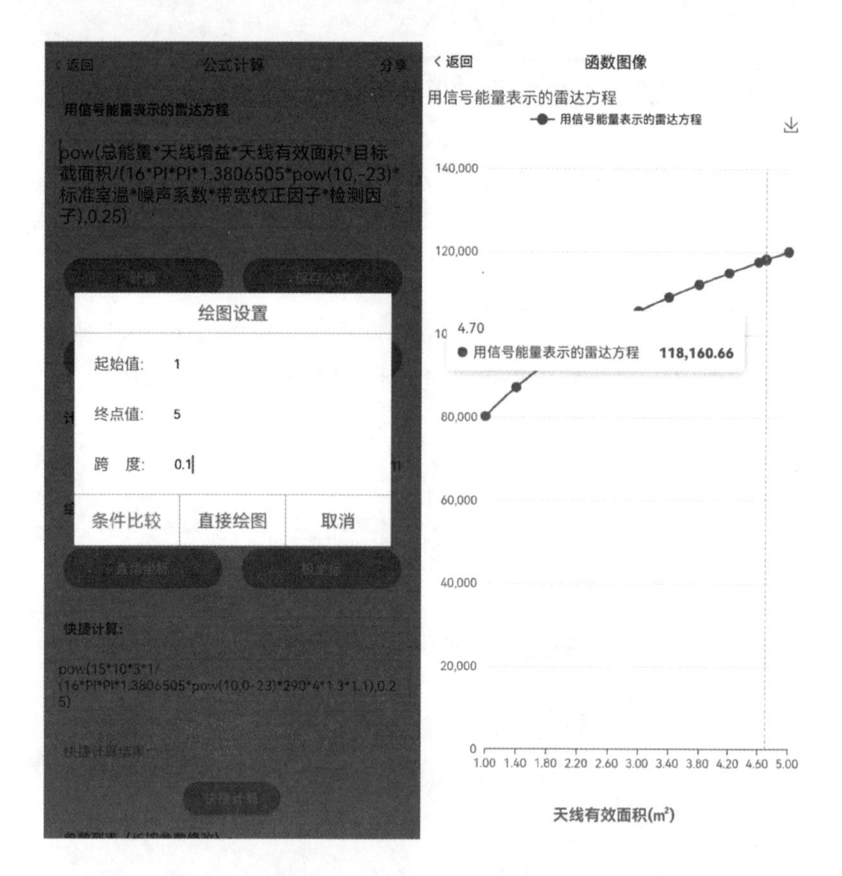


图 4-19 最大作用距离随天线有效面积变化绘图

# 4.8 低重频的雷达方程

## 4.8.1 原理描述

低重频雷达的方程具有一些独特的特性，主要体现在其对距离和速度测量的准确性上。这种雷达使用较低的脉冲重复率，有效避免了距离模糊，允许更准确地区分目标的距离。由于脉冲间隔较长，低重频雷达在抗多普勒模糊方面也表现出色，提高了对目标速度的测量精度。此外，还减少了脉冲重叠的风险，增强了雷达对目标的检测和跟踪能力。然而，低重频雷达在跟踪快速移动目标时存在局限性，因为较长的脉冲间隔可能导致距离和速度误差。尽管如此，低重频雷达特别适合于长距离探测任务，并且对信号处理提出了更高的要求，需要高效的算法来处理较长的脉冲序列。总的来说，低重频雷达在避免距离和速度模糊方面的优势使其成为特定应用场景下的理想选择。

在低重频条件下，考虑一个脉冲雷达：其脉冲宽度为 $T$；脉冲重复周期为 $T_r$；脉冲重复频率为 $f_r$；发射峰值功率为 $P_t$；平均功率 $P_{av}=d_tP_t$，其中，$d_t=\tau/T_r$ 是雷达的发射工作比，也称发射占空因子。同样可以定义接收占空因子 $d=(T_r-T)/T_r=1-Tf_r$。对于低脉冲重复频率（简称低重频，LPRF）雷达，$T$ 远小于 $T_r$，故接收占空因子 $d_r\approx1$。单个脉冲的基本雷达方程为

$$\mathrm{SNR}=\frac{P_tTG^2\lambda^2\sigma}{(4\pi)^3kT_0FLR^4} \tag{4-44}$$

假定在一个波束宽度内发射的脉冲数为 $n_p$，波束照射目标的时间为 $T_i$，通常称之为“驻留时间”，则有

$$T_i=n_pT_r=\frac{n_p}{f_r}\Rightarrow n_p=T_if_r \tag{4-45}$$

对 $n_p$ 个发射脉冲的目标回波信号进行相干积累，理论上比单个脉冲回波的信噪比提高 $n_p$ 倍，这时雷达方程为

$$(\mathrm{SNR})_{n_p}=n_p(\mathrm{SNR})_1=\frac{P_tTG^2\lambda^2\sigma n_p}{(4\pi)^3kT_0FLR^4}=\frac{P_tTG^2\lambda^2\sigma T_if_r}{(4\pi)^3kT_0FLR^4} \tag{4-46}$$

考虑在低重频条件下的雷达方程是十分必要的，这是因为低重频的工作模式会给雷达系统带来众多显著的变化和独特的挑战。脉冲间隔的拉长，使得距离模糊得以避免，从而能够更精准地确定目标距离，这必然要求在雷达方程中对距离相关的参数进行重新的评估与思考。同时，抗多普勒模糊能力的增强虽然提高了对目标速度的测量精度，但也改变了速度测量的处理方式，因此雷达方程需要对此做出相应的体现。此外，脉冲重叠的减少优化了目标检测和跟踪效果，这就需要在方程中对与信号处理和目标识别有关的部分进行重新调整。而且，低重频增强了长距离探测能力，在计算雷达作用距离等参数时，就必须依据其特点进行修改。同时，由于对信号处理的要求提高，还需要在雷达方程中融入更复杂的信号处理因素，以便能够准确地反映系统的性能。

## 4.8.2　计算分析

### 1. 计算实例

某低重频雷达的参数如下：工作频率 $f_0=5.6$ GHz，天线增益 $G=45$ dB，峰值功率 $P_t=1.5$ kW，调频信号的脉冲宽度 $T=100$ μs，噪声系数 $F=3$ dB，

系统损耗 $L=6$ dB，假设目标截面积 $\sigma=0.1\ m^2$。当目标距离 $R=100$ km 时，计算单个脉冲的 SNR。若要求检测前的信噪比达到 15 dB，计算相干积累需要的脉冲数。例题参数如表 4 - 15 所列。

**表 4 - 15　例题参数表**

| 参数名称 | 参数数值（真值） | 参数数值（对数值） |
|---|---|---|
| 雷达增益 $G$/dB | $1\times10^{4.5}$ | 45 |
| 脉冲宽度 $T$/s | $1\times10^{-4}$ | $-40$ |
| 波长 $\lambda$/m | 0.053 6 | $-12.71$ |
| 雷达发射功率 $P_t$/W | 1 500 | 31.76 |
| 噪声系数 $F$/dB | $1\times10^{0.3}$ | 3 |
| 系统损耗 $L$/dB | $1\times10^{0.6}$ | 6 |
| 目标截面积 $\sigma/m^2$ | 0.1 | $-10$ |
| 玻尔兹曼常数×温度 $kT$ | $1\times10^{-20.4}$ | $-204$ |
| 目标距离的四次方 $R$/m | $1\times10^{5}$ | 50 |

将上述参数数值代入，则单个脉冲的 SNR 为

$$\begin{aligned}\text{SNR}&=[P_t+T+G^2+\lambda^2+\sigma-(4\pi)^3-kT_0-F-L-R^4]_{(\text{dB})}\\&=8.34\ \text{dB}\end{aligned}$$

由于

$$(n_p)_{(\text{dB})}\geqslant(\text{SNR})_{(n_p)}-(\text{SNR})_{(1)}=15-8.34=6.66\ \text{dB}\Rightarrow4.63$$

因此，至少需要 5 个脉冲进行相干积累。

以上公式中参数含义及单位如表 4 - 16 所列。

**表 4 - 16　公式参数表**

| 参数变量 | 参数含义 | 单　位 |
|---|---|---|
| $G$ | 雷达增益 | dB |
| $f_0$ | 工作频率 | Hz |
| $\lambda$ | 波长的平方 | $m^2$ |
| $P_t$ | 雷达发射功率 | W |
| $F$ | 噪声系数 | dB |
| $L$ | 系统损耗 | dB |
| $\sigma$ | 目标截面积 | $m^2$ |

续表 4-16

| 参数变量 | 参数含义 | 单　位 |
|---|---|---|
| $kT_0$ | 玻尔兹曼常数×温度 | — |
| $R$ | 目标距离 | m |
| $T$ | 脉冲宽度 | s |

## 2. 软件操作流程

使用手机绘算软件进入“公式管理”界面，选择“扫码添加公式”，扫描方程二维码，进入如图 4-20 所示界面，点击“计算”按钮即可得出数值。

低重频的雷达方程公式计算二维码

图 4-20　低重频的雷达方程公式计算示意图

## 3. 变量关系绘图分析

上述其他参数条件不变，绘制雷达增益在 10～50 dB 时，单个脉冲 SNR 的变化图(间隔为 1 dB)。

绘图：选择 $x$ 轴变量，设置起始值、最大值以及跨度，并选择“直角坐标”或“极坐标”，多变量绘图时需添加条件，点击绘图，如图 4-21 所示。

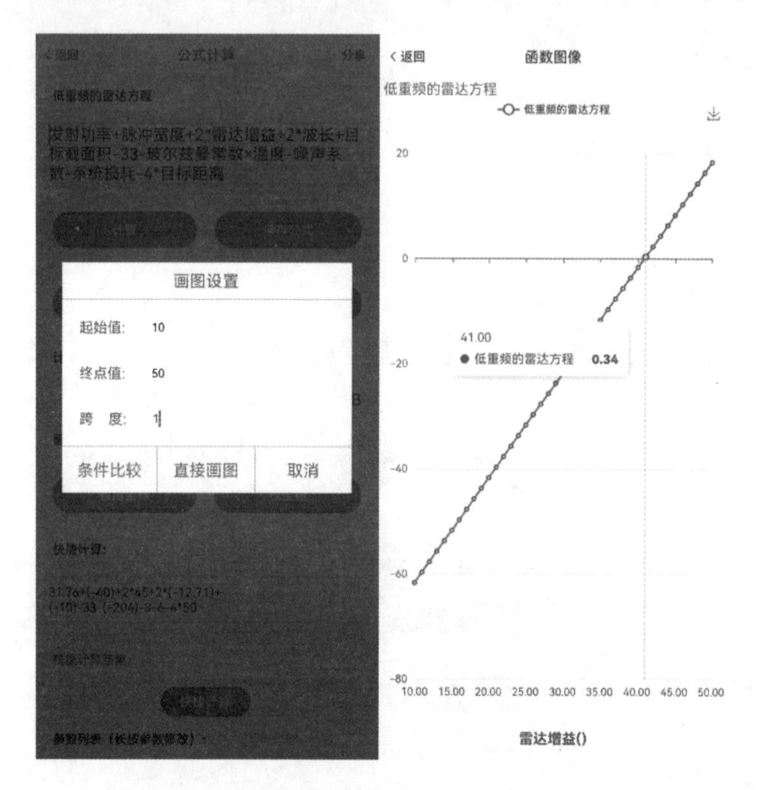


图 4-21 单个脉冲 SNR 随雷达增益变化绘图

# 4.9 高重频的雷达方程

## 4.9.1 原理描述

针对高重复频率(简称高重频，HPRF)雷达，发射信号为周期性脉冲串，其脉冲宽度为 $T_e$，脉冲重复周期为 $T_r$，脉冲重复频率为 $f_r$，发射占空因子 $d_t=T_e/T_r=T_e/f_r$。脉冲串可以使用指数型傅里叶级数来表示，这个级数的中心功率谱线(DC 分量)包含大部分信号功率，其值为 $P_t(T_e/T_r)=P_t d_t^2$，$P_t$ 为单个脉冲的发射功率。高重频雷达的接收占空因子 $d_r$ 与发射占空因子 $d_t$ 相当，即 $d_r \approx d_t$。高重频雷达通常需要对一个波位的个脉冲 $n_p$ 进行相干积累，工作带宽 $B$ 与雷达积累时间 $T_{ci}$ 相匹配，即 $B_i=1/T_{ci}$，$T_{ci}=\eta_p T_r$，$\eta_p=T_{ci}/T_r$，则高重频雷达的雷达方程可以表示为

$$(\mathrm{SNR})_{n_p}=\frac{P_t T_e G^2\lambda^2\sigma n_p}{(4\pi^3)kT_0FLR^4}=\frac{P_t T_{ci} d_t G^2\lambda^2\sigma}{(4\pi^3)kT_0FLR^4}=\frac{P_{av} T_{ci} G^2\lambda^2\sigma}{(4\pi^3)kT_0FLR^4} \tag{4-47}$$

式中，$P_{av}=P_t d_t$，注意乘积($P_{av}T_{ci}$)表示能量，它表示高脉冲重复频率雷达可以通过相对低的功率和较长的积累时间来增强探测性能。

## 4.9.2　计算分析

### 1. 计算实例

某高重频雷达的参数为：天线增益 $G=20$ dB，工作频率 $f_0=5.6$ GHz，峰值功率 $P_t=100$ kW，驻留间隔 $T_{ci}=2$ s，噪声系数 $F=4$ dB，雷达系统损耗为 $L=6$ dB，假设目标截面积 $=0.01\ m^2$。计算占空因子 $d_t=0.3$，距离 $R=50$ km 时的 SNR，例题参数如表 4-17 所列。

表 4-17　例题参数表

| 参数名称 | 参数数值(真值) | 参数数值(对数值) |
| --- | --- | --- |
| 雷达增益 $G$/dB | 100 | 20 |
| 雷达发射功率 $P_t$/W | 100 000 | 50 |
| 驻留间隔 $T_{ci}$/s | 2 | 3 |
| 占空因子 $d_t$ | 0.3 | −5.23 |
| 噪声系数 $F$/dB | $1\times10^{0.4}$ | 4 |
| 系统损耗 $L$/dB | $1\times10^{0.3}$ | 3 |
| 目标截面积 $\sigma/m^2$ | 0.01 | −20 |
| 玻尔兹曼常数×温度 $kT$ | $1\times10^{-20.4}$ | −204 |
| 目标距离 $R$/m | $5\times10^4$ | 46.985 |
| 波长 $\lambda$/m | 0.053 6 | −12.71 |

将上述参数数值代入，则有

$$\begin{aligned}\mathrm{SNR} &= [P_t+d_t+T_{ci}+2G+2\lambda+\sigma-33-kT-F-L-R^4]_{(\mathrm{dB})}\\ &=15.41\ \mathrm{dB}\end{aligned}$$

故当占空因子 $d_t=0.3$，距离 $R=50$ km 时的 SNR 约为 15 dB。

以上公式中参数含义及单位如表 4-18 所列。

表 4-18　公式参数表

| 参数变量 | 参数含义 | 单　位 |
| --- | --- | --- |
| $G$ | 雷达增益 | dB |
| $P_t$ | 雷达发射功率 | W |
| $T_{ci}$ | 驻留间隔 | s |
| $d_t$ | 占空因子 | — |
| $F$ | 噪声系数 | dB |

续表 4-18

| 参数变量 | 参数含义 | 单 位 |
| --- | --- | --- |
| $L$ | 系统损耗 | dB |
| $\sigma$ | 目标截面积 | $m^2$ |
| $kT$ | 玻尔兹曼常数×温度 | — |
| $R$ | 目标距离 | m |
| $\lambda$ | 波长 | m |

## 2. 软件操作流程

高重频的雷达方程公式计算二维码

使用手机绘算软件进入“公式管理”界面，选择“扫码添加公式”，扫描方程二维码，进入如图 4-22 所示界面，点击“计算”按钮即可得出数值。

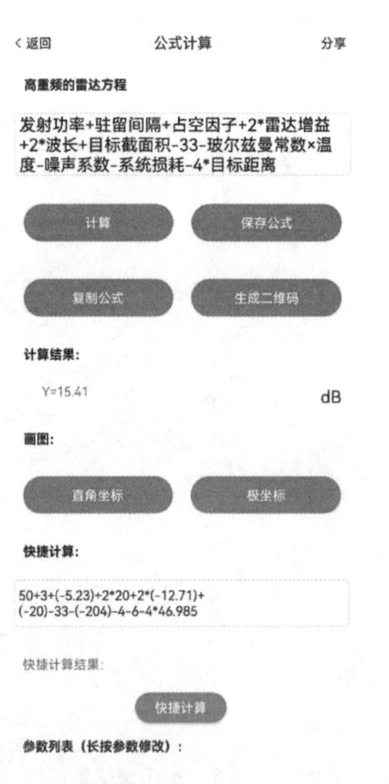


图 4-22 高重频的雷达方程公式计算示意图

## 3. 变量关系绘图分析

上述其他参数数值不变，绘制驻留时间在 0.5～5 s 时的 SNR 的变化图(间隔为 0.1 s)。

绘图：选择 $x$ 轴变量，设置起始值、最大值以及跨度，并选择“直角坐标”或“极坐标”，多变量绘图时需添加条件，点击绘图，如图 4-23 所示。

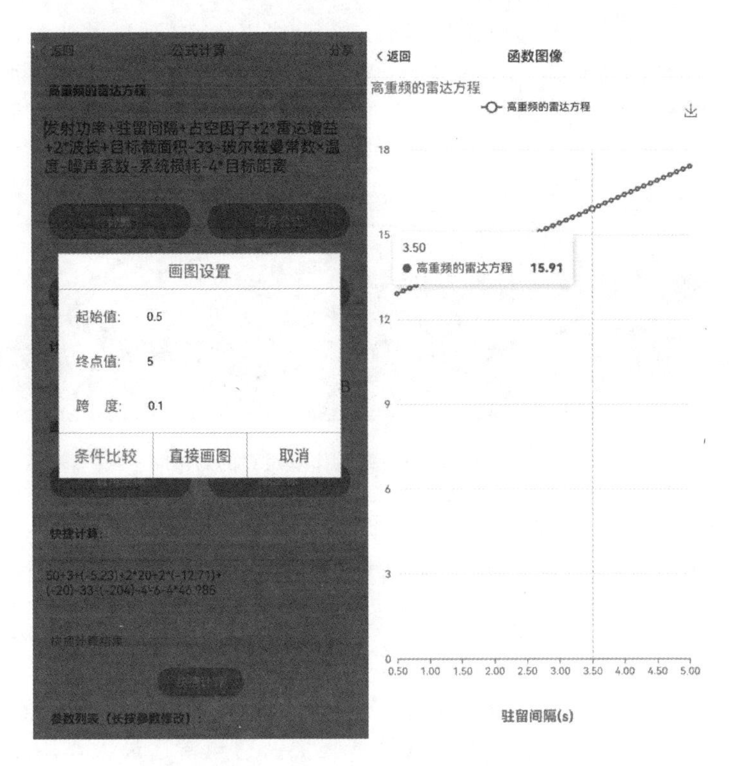


图 4-23　SNR 随驻留间隔变化绘图

# 4.10　直视距离计算

## 4.10.1　原理描述

在雷达系统中有两个描述雷达距离的概念,一个是雷达视线作用距离(雷达直视距离),另一个是雷达作用距离。雷达的作用距离是指雷达能够探测到目标的最远距离,是雷达的重要战术指标,它决定了雷达能在多大的距离上发现目标。

如图 4-24 所示,地球的表面是一个曲面,从雷达天线的中点开始,以直线形式到地球表面的切线,被称为视距线,从雷达所在地到切点之间的曲面距离就是所谓的雷达视距,视距跟雷达的位置有关系,雷达位置越高,视距越远(所谓"欲穷千里目,更上一层楼",站得高,才能看得远)。雷达的最大直视距离是指雷达在发射功率足够的情况下,能探测目标的最远距离。它是由地球曲率对直线传播电磁波的影响引起的,主要取决于天线高度、目标高度以及气象条件。如果不考虑电磁波的绕射作用,那么在雷达的视线以下的远处空间即通过雷达天线并与球形地面相切的一条直线以下空间，直射波和地面反射波都被球形地面所遮蔽，雷达也就探测不到目标。只有目标在雷达视线以上的时候，雷达才有可能发现它。

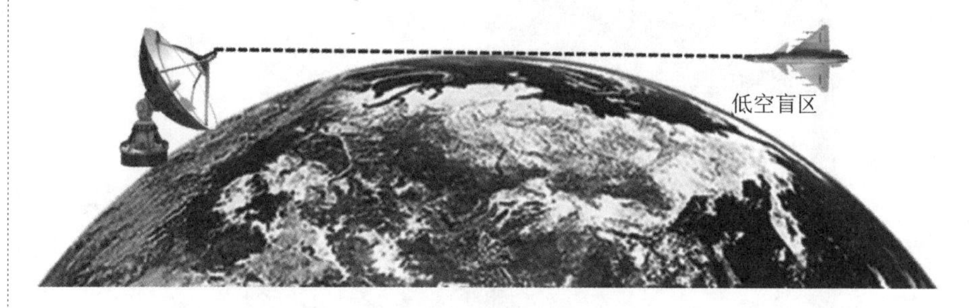


图 4-24　地球曲率对作用距离的影响

若目标高度为 $H$，雷达天线高度为 $h$，在正常大气条件下，由于大气对雷达电磁波的折射特性，电磁波不再是直线传播而是变得向下弯曲，则雷达发现目标的雷达直视距离 $D_{max}$ 大于光学视距 18%，可表示为

$$D_{max}=4.1(\sqrt{H}+\sqrt{h}) \tag{4-48}$$

雷达直视距离是由于地球表面弯曲所引起的，由雷达天线架设高度 $h$ 和目标高度 $H$ 决定，而与雷达本身的性能无关。它与雷达最大作用距离 $R_{max}$ 是两个不同的概念，如果计算结果为 $R_{max}>D_{max}$，说明由于天线高度 $h$ 或目标高度 $H$ 限制了检测目标的距离；如果 $R_{max}<D_{max}$，则说明虽然目标处于视线以内，是可以"看到"的，但由于雷达性能达不到 $D_{max}$ 这个距离而发现不了距离大于 $R_{max}$ 的目标。

## 4.10.2　计算分析

### 1. 计算实例

经过测算，雷达距离海平面高度为 500 m，情报部门获取了敌军飞机大概在距海平面 5 000 m 处，现需我部进行布控，需要考虑雷达直视距离的取值，例题参数如表 4-19 所列。

表 4-19　例题参数表

| 参数名称 | 参数数值 |
|---|---|
| 雷达直视距离 $D_{max}$/km | ? |
| 雷达距离海平面高度 $h$/m | 500 |
| 敌军飞机距离海平面高度 $H$/m | 5 000 |

根据式(4-48)可得

$$D_{max}=4.1(\sqrt{H}+\sqrt{h})=4.1\times(\sqrt{500}+\sqrt{5\ 000})=381.6\ \text{km}$$

故雷达直视距离的取值为 381.6 km。

以上公式中参数含义及单位如表 4-20 所列。

**表 4-20　公式参数表**

| 参数变量 | 参数含义 | 单　位 |
| --- | --- | --- |
| $D_{max}$ | 雷达直视距离 | km |
| $H$ | 雷达天线高度 | m |
| $h$ | 目标高度 | m |

## 2. 软件操作流程

使用手机绘算软件进入“公式管理”界面，选择“扫码添加公式”，扫描公式二维码，进入如图 4-25 所示界面，点击“计算”按钮即可得出数值。

直视距离公式计算二维码

图 4-25　直视距离公式计算示意图

### 3. 变量关系绘图分析

绘制目标高度为 2 000 m，天线海平面高度为 100～500 m 时，雷达直视距离的变化。

绘图：选择 $x$ 轴变量，设置起始值、最大值以及跨度，并选择“直角坐标”或“极坐标”，多变量绘图时需添加条件，点击绘图，如图 4－26 所示。

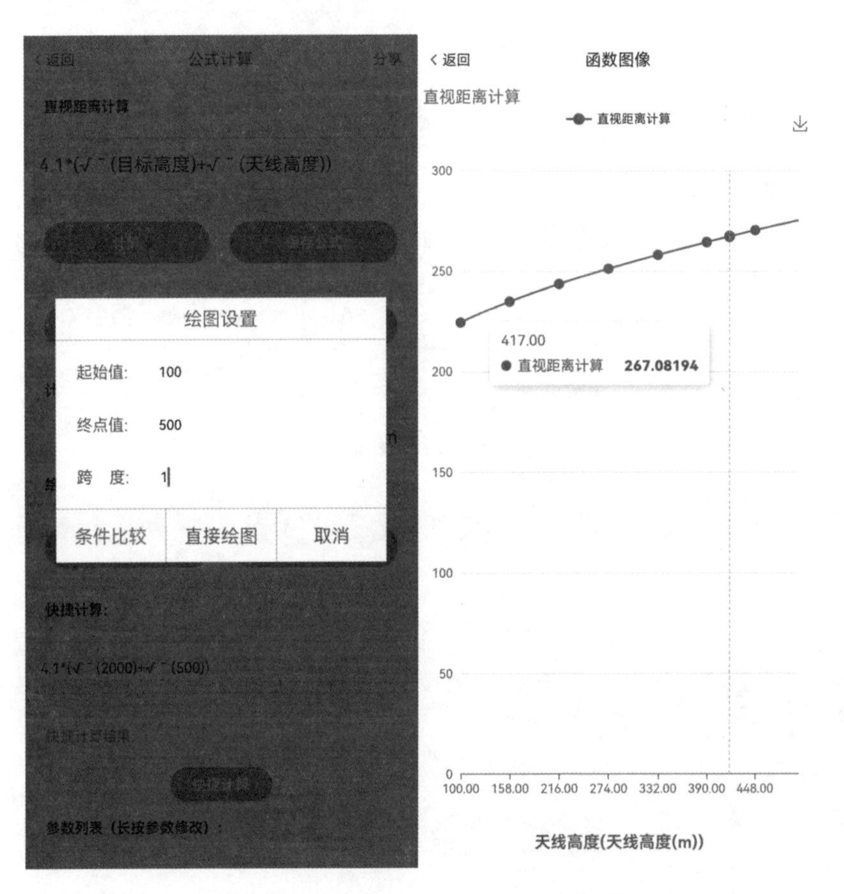


图 4－26　直视距离随天线高度变化绘图

显然，如果希望增大直视距离只有增大雷达天线的高度，但是这种方法往往受到限制，增大接线架设高度会带来天线旋转不稳，能量损耗大，易被敌方侦察等问题。当然，增大目标的高度也可增大直视距离，但目标的高度却不受我们控制，且敌方目标更要利用雷达探测时对处于视线以下的目标不能发现的这个弱点，由低空、超低空突防进入。

# 4.11　损耗计算

## 4.11.1　原理描述

在雷达系统中,考虑损耗计算是极为重要的。这是因为损耗会直接对雷达的作用距离产生影响,若不将其纳入考量,所计算出的理论作用距离会与实际大相径庭,致使对目标探测范围的估计出现偏差,进而影响雷达系统的实际效能。同时,损耗与雷达的信噪比紧密关联,损耗增大将导致信噪比降低,使检测概率下降,不利于对目标的精准发现与识别。因此,通过对损耗的精确计算和分析,能够反映出雷达系统设计的好坏,从而评估各部件的性能,找出潜在的问题与不足,为系统的优化改进指明方向。另外,考虑损耗还有利于合理调配资源和控制成本,在系统设计及建设时,依据损耗情况选择恰当的部件和技术,可以避免资源的无谓浪费和成本的不必要增加。综上所述,在雷达系统中进行损耗计算对于准确评估性能、优化设计、控制成本以及确保雷达系统的有效运作都有着不容忽视的意义。

为了计算传播损耗,通常使用三种传播模型,即视距传播模型、双线传播模型和刃峰绕射传播模型。当电磁波频率小于 10 GHz 时,常忽略大气和雨雪等造成的传播损耗。其中,视距传播损耗(自由空间或扩展损耗)是信号频率和传播距离的函数;双线传播损耗(由直射信号与地面或水面反射信号相位抵消造成)是收发天线架高和传播距离的函数,与信号频率无关;刃峰绕射传播损耗(由发射机和接收机间存在山脊障碍造成)则附加在视距传播损耗之上。由于很难确定山脊点和高度,刃峰绕射传播损耗理论计算误差较大,故在这里只讨论视距传播损耗和双线传播损耗的快速计算。

### 1. 视距传播损耗

视距传播损耗模型可表示为

$$L=\frac{(4\pi)^2 R_t^2}{\lambda^2} \tag{4-49}$$

在实际使用时,传播距离 $R_t$ 的常用单位为 km,波长 $\lambda$ 多用频率 $f$ 代替,单位常用为 MHz,则可变换为快速计算公式,即

$$L_{dB}=32.44+20\lg f+20\lg R_t \tag{4-50}$$

### 2. 双线传播损耗

当发射和接收天线靠近比较大的反射面(如地面、水面),通信频率低,并且天线方向图较宽,能收到反射信号时,一般使用双线传播损耗计算模型。如图 4-27 所示,$h_t$ 为发射机距离地面的高度,$h_r$ 为接收机距离地面的高度。

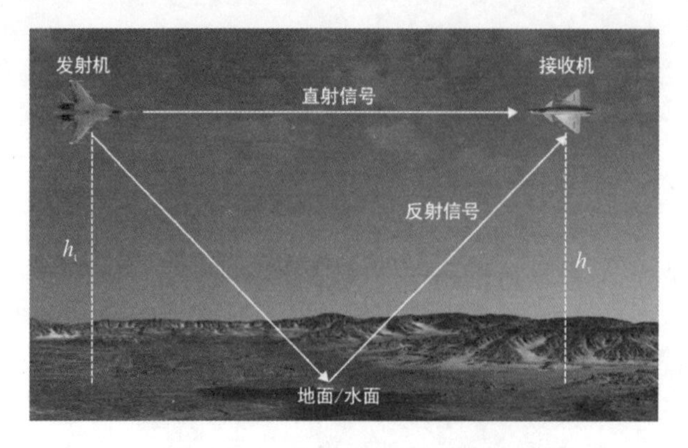


图 4-27　双线传播损耗计算模型

双线传播损耗模型可表示为

$$L=\frac{R_t^4}{h_t^2 \times h_\tau^2} \tag{4-51}$$

式(4-51)可变换为快速计算公式,即

$$L_{dB}=120+40\lg R_t-20\lg h_t-20\lg h_\tau \tag{4-52}$$

考虑不同地形对传播的影响,更实用的双线传播损耗模型可表示为

$$L=\frac{R_t^n}{h_t^2 \times h_\tau^2} \tag{4-53}$$

或变换为快速计算公式,即

$$L_{dB}=30n+10n\lg R_t-20\lg h_t-20\lg h_\tau \tag{4-54}$$

式中,$n$ 为地形影响指数,取值范围为 2~5,适用场景如表 4-21 所列。

表 4-21　双线模型适用场景

| $n$ 取值 | 适用场景 |
|---|---|
| 2 | 平坦地表(水面、海面和湖面等),电导率较高 |
| 3 | 中等起伏地表、农田等,电导率较高 |
| 4 | 中等崎岖地表(连绵起伏的丘陵)、森林等,电导率中等 |
| 5 | 非常崎岖地表(岩石山、群山)、沙漠等,电导率较低 |

## 4.11.2　计算分析

### 1. 计算实例

#### (1) 视距传播损耗

当电磁波频率 $f=200$ MHz、传播距离为 $R_t=5$ km 时,计算视距传播损耗，例题参数如表 4－22 所列。

**表 4－22　视距传播损耗例题参数表**

| 参数名称 | 参数数值 |
| --- | --- |
| 视距传播损耗 $L_{dB}$ | ? |
| 雷达传播频率 $f$/MHz | 200 |
| 传输距离 $R_t$/km | 5 |

根据式(4－50)可得

$$L_{dB}=32.44+20\lg f+20\lg R_t=32.44+20\lg 200+20\lg 5=92.44\ \text{dB}$$

故当电磁波频率 $f=200$ MHz、传播距离为 $R_t=5$ km 时，视距传播损耗为 92.44 dB。

以上公式中参数含义及单位如表 4－23 所列。

**表 4－23　视距传播损耗公式参数表**

| 参数变量 | 参数含义 | 单　位 |
| --- | --- | --- |
| $L_{dB}$ | 视距传输损耗 | dB |
| $f$ | 雷达传播频率 | MHz |
| $R_t$ | 传输距离 | km |

**(2) 双线传播损耗**

当发射站和接收站距离地面高度分别为 $h_t=30$ m、$h_\tau=20$ km，传输距离 $R_t=20$ km 时，计算双线传播损耗，例题参数如表 4－24 所列。

**表 4－24　双线传播损耗例题参数表**

| 参数变量 | 参数数值 |
| --- | --- |
| 双线传输损耗 $L_{dB}$ | ? |
| 发射机距离地面的高度 $h_t$/m | 30 |
| 接收机距离地面高度 $h_\tau$/m | 20 |
| 传输距离 $R_t$/km | 20 |

根据式(4－52)可得

$$\begin{aligned}L_{dB}&=120+40\lg R_t-20\lg h_t-20\lg h_\tau\\&=120+40\lg 20-20\lg 30-20\lg 20=116\ \text{dB}\end{aligned}$$

故当发射站和接收站距离地面高度分别为 $h_t=30$ m、$h_t=20$ km，传输距离为 $R_t=20$ km 时，双线传播损耗为 116 dB。

以上公式中参数含义及单位如表 4－25 所列。

表 4-25　双线传播损耗公式参数表

| 参数变量 | 参数含义 | 单　位 |
| --- | --- | --- |
| $L_{dB}$ | 双线传输损耗 | dB |
| $h_t$ | 发射机距离地面高度 | m |
| $h_r$ | 接收机距离地面高度 | m |
| $R_t$ | 传输距离 | km |

## 2. 软件操作流程

使用手机绘算软件进入“公式管理”界面，选择“扫码添加公式”，扫描公式二维码，进入如图 4-28 所示界面，点击“计算”按钮即可得出数值。

视距传播损耗模型公式计算二维码

双线传播损耗模型公式计算二维码

(a) 视距传播损耗　　(b) 双线传播损耗

图 4-28　传播损耗模型公式计算示意图

### 3. 变量关系绘图分析

#### (1) 视距传播损耗

上述其他参数数值不变，绘制传播距离为 100～300 km 时，视距传播损耗的变化(间隔为 10 km)。

绘图：选择 $x$ 轴变量，设置起始值、最大值以及跨度，并选择“直角坐标”或“极坐标”，多变量绘图时需添加条件，点击绘图，如图 4 - 29 所示。

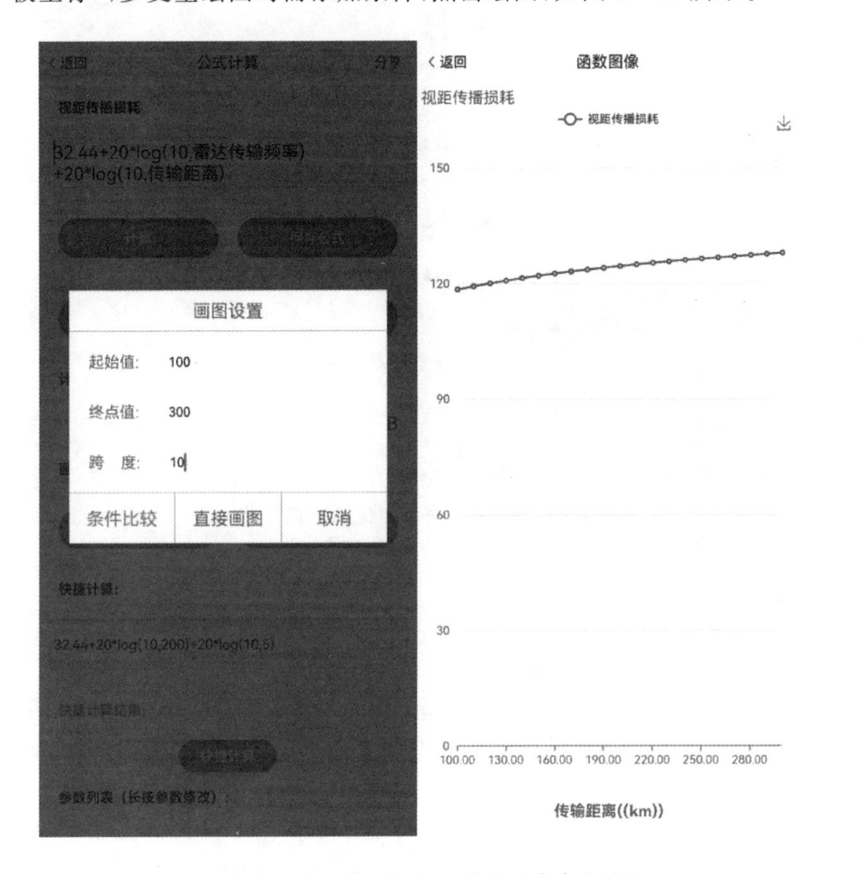


图 4 - 29　视距传播损耗随传播距离变化绘图

#### (2) 双线传播损耗

上述其他参数数值不变，绘制传播距离为 0～30 km 时，双线传播损耗的变化(间隔为 1 km)。

绘图：选择 $x$ 轴变量，设置起始值、最大值以及跨度，并选择“直角坐标”或“极坐标”，多变量绘图时需添加条件，点击绘图，如图 4 - 30 所示。

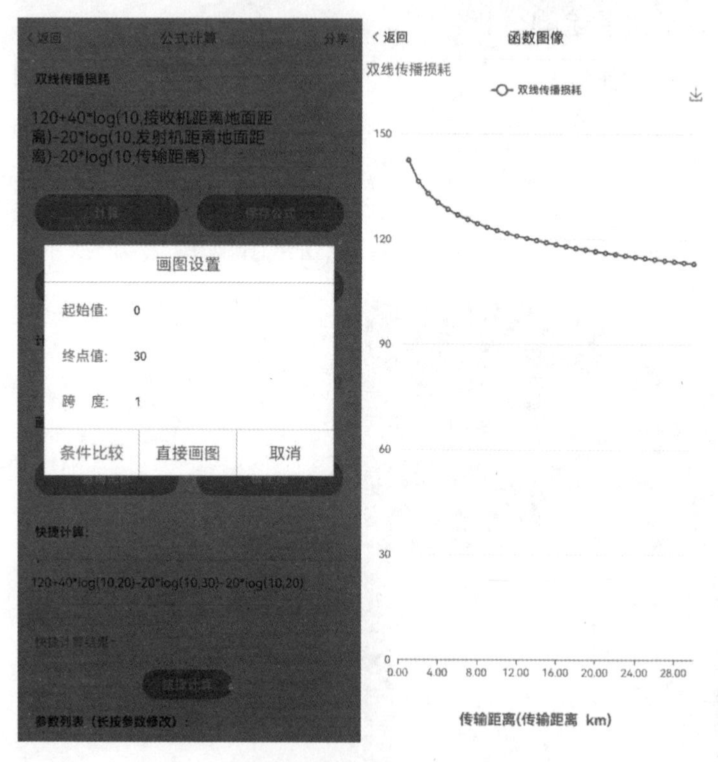


**图 4-30 双线传播损耗随传播距离变化绘图**

# 思考题

4.1 已知雷达视线方向目标入射功率密度为 $S_1$，在雷达接收天线处目标反射功率密度为 $S_2$，目标与雷达站的距离为 $R$，求目标在该方向上的雷达截面积 $\sigma$。

4.2 设雷达参数为：$P=10^6$ W，$A_r=10$ m$^2$，$\lambda=10$ cm，灵敏度 $S_{imin}=10^{-13}$ W。用该雷达跟踪平均截面积 $\sigma=20$ m$^2$ 的飞船，求在自由空间的最大跟踪距离。

4.3 在题 4.2 的条件下，设该飞船上装有雷达应答器，其参数为 $P_t=1$ W，$A_r=10$ m$^2$，$S_{imin}=10^{-7}$ W，求采用信标跟踪时自由空间的最大作用距离，即信标接收雷达信号的最大作用距离和雷达接收信标信号的最大作用距离。

4.4 一次雷达和二次雷达的区别是什么？

4.5 低重频和高重频雷达各有什么特点？

4.6 在计算雷达方程时需要考虑哪些损耗？

# 第5章　雷达对抗侦察基本原理与计算分析

雷达对抗是电子对抗的一部分，是一场高科技、涉及对抗双方的游戏。对抗双方一方努力发现，而另一方则想方设法隐藏，二者之间的较量与博弈充满了智慧与技术的碰撞。在分析雷达工作效能中，如果说雷达是一个超级手电筒，它通过反射回来的光分析和判断被探测目标的各项参数和性能，那么转换一下“角色”，站在被探测目标的一边，雷达对抗侦察就是被探测目标在接收到对方雷达发出的电磁波信号之后，自行对电磁波信号进行估计和分析，从而判断对方雷达的各项参数、工作模式和威胁等级等。本章将结合雷达对抗侦察范围和无源定位等探讨雷达对抗侦察效能计算的基本概念与计算分析方法。为了使读者更清晰直观地理解，本章结合雷达对抗效能绘算软件，举例计算与分析不同参数下的侦察范围和定位误差，介绍不同环境下侦察范围的应用，为理解雷达对抗侦察效能计算原理和开展计算分析提供帮助。

## 5.1　理想侦察范围

### 5.1.1　原理描述

雷达对抗是指为削弱、破坏敌方雷达的使用效能，保护己方雷达正常发挥效能而采取的措施和行动的总称。它主要包括雷达对抗侦察、雷达干扰、雷达电子防御、反辐射摧毁等。其中，雷达对抗侦察主要是通过雷达对抗侦察设备测量敌方雷达发射的电磁波信号，测定雷达的方向和位置信息，进行信号分选与识别，并将信号处理的结果提供给干扰机和其他有关的设备。

雷达对抗侦察可分为雷达对抗情报侦察和雷达对抗支援侦察，虽然实施侦察任务的设备多种多样，如地面侦察设备、侦察飞机、侦察卫星和侦察船等，但侦察系统的工作原理和系统组成是基本相同的。侦察范围是衡量侦察系统探测能力的重要指标。当雷达以一定功率向外辐射电磁波时，距离越远信号强度越弱，因此侦察系统距离雷达越远，也就越难侦察到雷达的存在。侦察系统接收到的雷达信号强弱与辐射源发射功率、发射天线、雷达与侦察系统的距离、接收系统的天线和灵敏度以及自然环境因素等有关。

通常，侦察范围是指雷达对抗侦察装备对某一高度目标的侦察范围。为确定雷达对抗装备的侦察范围，通常需要计算理想侦察范围、通视侦察范围和

有遮蔽时的通视侦察范围，根据实际情况，再最终确定侦察范围，可表示为

$$R_{\max}=\min(R_r,R_s,R_t) \tag{5-1}$$

式中，$R_r$ 为理想侦察范围，$R_s$ 为通视侦察范围，$R_t$ 为有遮蔽时的通视侦察范围。

对于理想侦察范围，先不考虑大气衰减、地面或海面反射，以及雷达和侦察系统损耗等因素的影响，只讨论侦察作用距离与雷达参数、侦察系统参数的关系式，即简化侦察方程。

如图 5-1 所示，假设地面雷达发射功率为 $P_t$，雷达天线增益为 $G_t$，雷达与侦察系统的距离为 $R$，侦察接收天线的有效接收面积为 $A_r$，则侦察接收机天线接收到的雷达信号功率为

$$P_r=\frac{P_tG_t}{4\pi R^2}\cdot A_r \tag{5-2}$$

结合天线的理论知识 $A_r=\frac{G_r\lambda^2}{4\pi}$，$P_r$ 可表示为

$$P_r=\frac{P_tG_tG_r\lambda^2}{(4\pi R)^2} \tag{5-3}$$

从式(5-3)可以看出，$P_r$ 与距离 $R^2$ 成反比，随着 $R$ 的增大，$P_r$ 越来越小。当雷达这个超级手电筒越来越远离时，则会发现它的光越来越弱，当光的亮度降低到一定程度时，看不到它就不认为它是手电筒了。作为临界值，恰好能看到它存在，再远一点看不到它时的亮度可以认为是灵敏度。

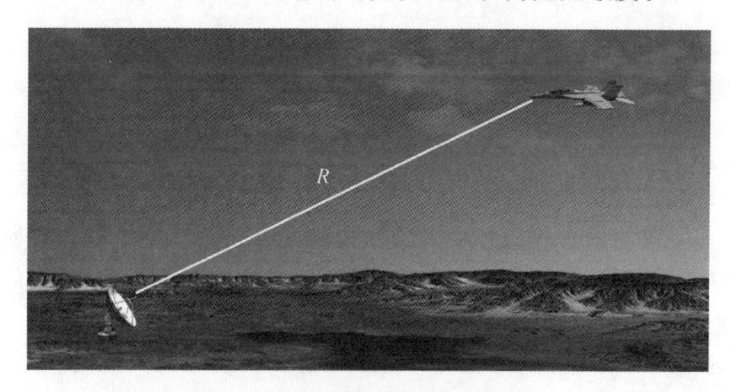


**图 5-1　雷达与侦察机位置示意图**

在雷达对抗侦察系统中，若侦察接收机的灵敏度为 $P_{r\min}$，灵敏度数值越小，说明灵敏度越高，性能越好。当 $P_r\geqslant P_{r\min}$ 时，侦察系统能正常检测到雷达的存在；当 $P_r=P_{r\min}$ 时，二者之间的距离为理想情况下最大侦察范围，可表示为

$$R_r=\left[\frac{P_tG_tG_r\lambda^2}{(4\pi)^2P_{r\min}}\right]^{\frac{1}{2}} \tag{5-4}$$

即理想情况下的侦察作用距离。在实际中，考虑到发射、传输和接收过程中的损耗，若综合损耗为$L$，则式(5-4)可以修正为

$$R_r = \left[\frac{P_t G_t G_r \lambda^2}{(4\pi)^2 P_{rmin} L}\right]^{\frac{1}{2}} \tag{5-5}$$

式(5-5)中参数及单位如表5-1所列。

**表5-1　公式参数含义表**

| 参数变量 | 参数含义 | 单　位 |
|---|---|---|
| $R_r$ | 理想侦察距离 | m |
| $P_t$ | 雷达发射机功率 | W |
| $G_t$ | 雷达发射天线主瓣增益 | 真值/dB |
| $G_r$ | 侦察接收机天线增益 | 真值/dB |
| $\lambda$ | 雷达信号波长 | m |
| $P_{rmin}$ | 侦察系统的灵敏度 | W |
| $L$ | 综合损耗 | 真值/dB |

观察理想情况下的雷达方程和侦察方程的形式，比较其推导过程中电磁波传播情况，可以看出，雷达探测目标为双程工作，而雷达对抗侦察为单程工作。一般情况下，当雷达发射电磁波后，侦察系统接收到电磁波的时间要小于雷达接收到目标回波的时间，侦察系统应当先于雷达发现对方。

## 5.1.2　计算分析

### 1. 计算实例

在平原地带，地面某雷达参数如表5-2所列，试计算理想情况下侦察系统最远能在多远的距离侦察到该地面雷达。

**表5-2　例题参数表**

| 参数变量 | 参数含义 | 单　位 | 计算参数 |
|---|---|---|---|
| $R_r$ | 理想侦察距离 | m | ? |
| $P_t$ | 雷达发射机功率 | W | 20 000 |
| $G_t$ | 雷达发射天线主瓣增益 | dB | 26 |
| $\lambda$ | 雷达信号波长 | m | 0.03 |
| $G_r$ | 侦察接收机天线增益 | dB | 27.78 |
| $P_{rmin}$ | 接收机灵敏度 | dBW | －100 |
| $L$ | 综合损耗 | dB | 17 |

根据题目所给的信息，这里需要计算有损耗情况下的理想侦察范围，因此，要选择有损耗情况下的计算公式。需要注意的是，在不同情况下，增益和损耗等参数会给出真值或者对数值，需要根据实际情况选择对应的公式进行计算和分析。

## 2. 软件操作流程

理想侦察范围公式计算二维码(无损耗、增益为真值)

使用手机绘算软件进入“公式管理”界面，选择“扫码添加公式”，扫描相应公式二维码，进入如图 5-2 所示界面，输入参数值，点击“计算”按钮即可得出数值。

理想侦察范围公式计算二维码(无损耗、增益为 dB 值)

理想侦察范围公式计算二维码(有损耗、增益为真值)

理想侦察范围公式计算二维码(有损耗、增益为 dB 值)

## 3. 变量关系绘图分析

在上述其他参数不变的情况下，分析接收机灵敏度对理想侦察范围的影响。点击如图 5-2 所示“直角坐标”按钮，选择 $x$ 轴为“侦察系统灵敏度”，并设置相应的起始值、终点值和跨度，然后点击“直接绘图”按钮，则可得理想侦察范围对灵敏度变化的曲线，如图 5-3 所示。

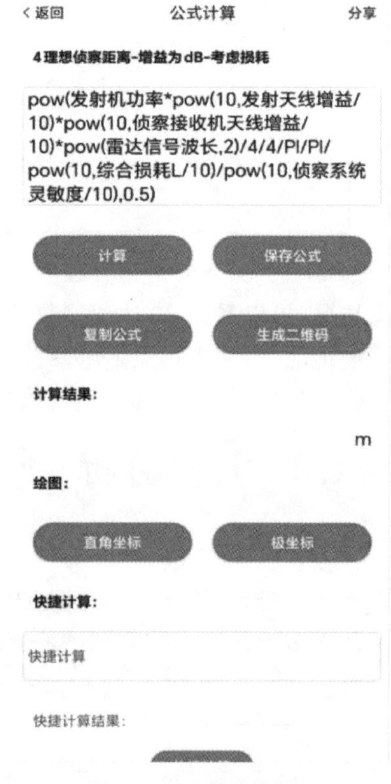


图 5-2　理想侦察范围公式计算示意图

从图 5-3 中的变化曲线也可以看出，当接收机灵敏度越高即灵敏度的数值越小时，其理想的侦察距离越大，侦察系统能看得更远。因此，可以选择灵敏度高的侦察系统。

利用绘图的对比分析功能，可以轻松掌握多种变量的影响规律。如扫描例题相应公式二维码来添加公式，进入如图 5-4(a)所示公式计算界面。点击“直角坐标”按钮，选择 $x$ 轴为“发射机功率”，在绘图设置中添加初始值为 1，终点值为 100，跨度为 1，点击“条件比较”按钮，进入如图 5-4(b)所示绘图条件界面，在右上角点击“添加”对比条件，如条件 1 为发射天线增益为 33 dB，条件 2 发射天线增益为 30 dB，条件 3 发射天线增益为 27 dB，保持其余参数不变，点击“绘图”按钮，便可得到如图 5-4(c)所示的对比分析结果。

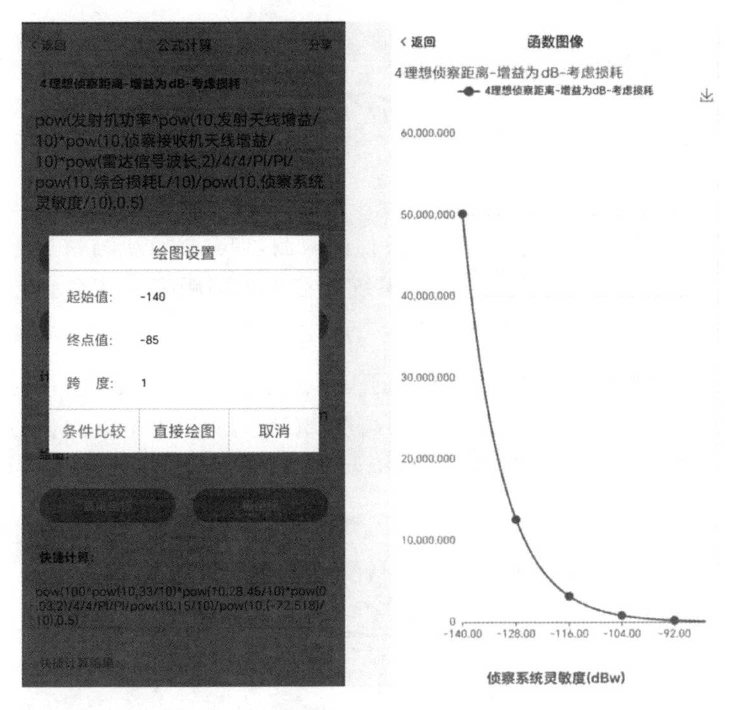


**图 5-3　理想侦察范围随灵敏度的变化绘图**

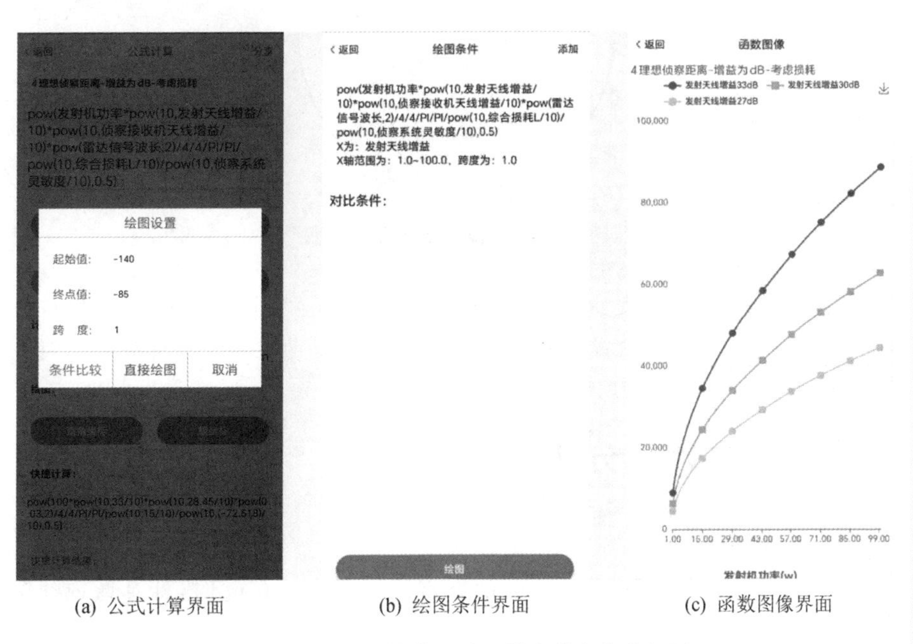


(a) 公式计算界面　　(b) 绘图条件界面　　(c) 函数图像界面

**图 5-4　理想侦察范围随灵敏度的变化分析图**

## 5.2 通视侦察范围

### 5.2.1 原理描述

由于受地球表面的弯曲和气象条件的限制，侦察接收机与雷达之间的侦察距离会受通视距离的限制。侦察系统能在多远的距离上侦察到敌方的雷达，同样也可以使用 $D_{max}=4.1(\sqrt{H}+\sqrt{h})$ 这个公式，原理详见 4.10 节。

如图 5-5 所示，$\overset{\frown}{BEA}$ 为地表上的一段圆弧，$O$ 点为地心，雷达对抗侦察站位于地表 $B$ 处，其侦察天线所处的高度 $BC=H$；位于 $A$ 处的雷达天线的高度 $AD=h$；直线 $CD$ 为切线，$E$ 为切点；则图 5-5 中线段 $CD$ 即为通视侦察距离 $R_s$，可表示为

$$R_s=4.1(\sqrt{H}+\sqrt{h}) \tag{5-6}$$

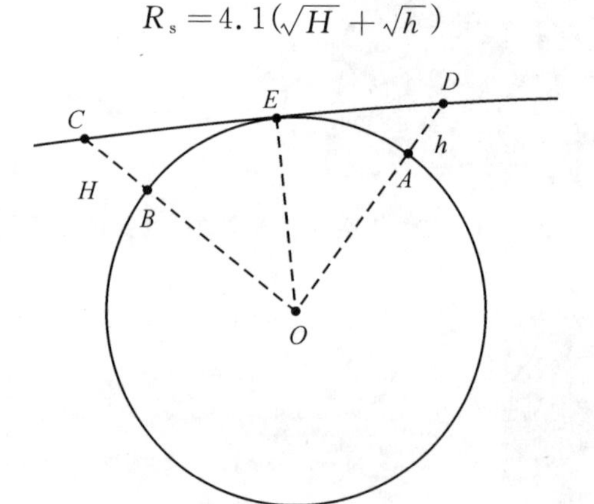


图 5-5 通视侦察范围示意图

需注意，$R_s$ 的单位是 km，$h$ 和 $H$ 的单位是 m。在图 5-5 中，如果敌方雷达天线高度 $h$ 不变，沿着地表朝着远离 $B$ 点的方向运动，则侦察系统将不再能探测到敌方雷达信号。

### 5.2.2 计算分析

#### 1. 计算实例

当我方侦察天线高度为 10 m、敌方雷达高度为 200 m 时，计算通视侦察范围。

根据式(5-6)可得此时的通视侦察范围为

$$R_s=4.1(\sqrt{H}+\sqrt{h})=4.1\times(\sqrt{10}+\sqrt{200})\approx 70.95\ \text{km}$$

也就是说，我方侦察设备可以探测到距离 70.95 km 之外 200 m 高度上的目标，如果高度低于 200 m，则探测不到。

以上公式及参数含义及单位如表 5-3 所列。

**表 5-3　公式参数表**

| 参数变量 | 参数含义 | 单　位 |
| --- | --- | --- |
| $R_s$ | 通视侦察范围(距离) | km |
| $H$ | 侦察天线高度 | m |
| $h$ | 敌方雷达天线高度 | m |

## 2. 软件操作流程

使用手机绘算软件进入“公式管理”界面，选择“扫码添加公式”，扫描公式二维码，进入如图 5-6 所示界面，输入参数值，点击“计算”按钮即可得出数值。

通视侦察范围公式计算二维码

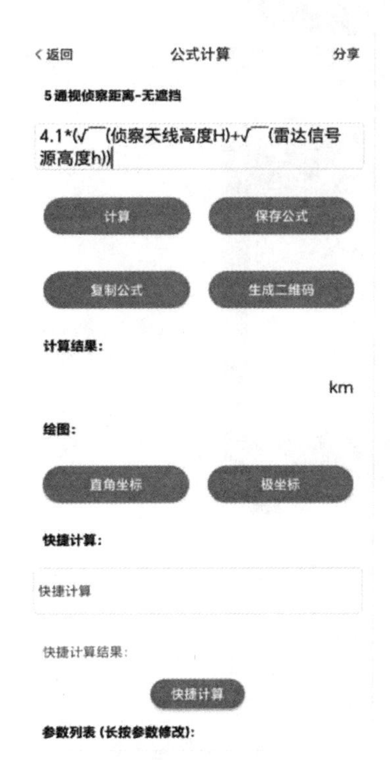


图 5-6　通视侦察范围公式计算示意图

## 3. 变量关系绘图分析

读者可以根据表 5-4 所列参数值，计算不同参数下的通视侦察范围。

表 5-4　通视侦察范围计算参考表

| 侦察天线高度 $H$/m | 敌方雷达高度 $h$/m | 通视侦察范围 $R_s$/km |
| --- | --- | --- |
| 10 | 200 | |
| 100 | 200 | |
| 100 | 1 000 | |
| 1 000 | 200 | |
| 4 000 | 200 | |

在敌方雷达天线高度不变的情况下，分析侦察天线高度对通视侦察范围的影响。点击如图 5-6 所示“直角坐标”按钮，选择 $x$ 轴为“侦察天线高度”，并设置相应的起始值、终点值和跨度，点击“直接绘图”按钮，则可得侦察天线高度对通视侦察范围影响的曲线，如图 5-7 所示。

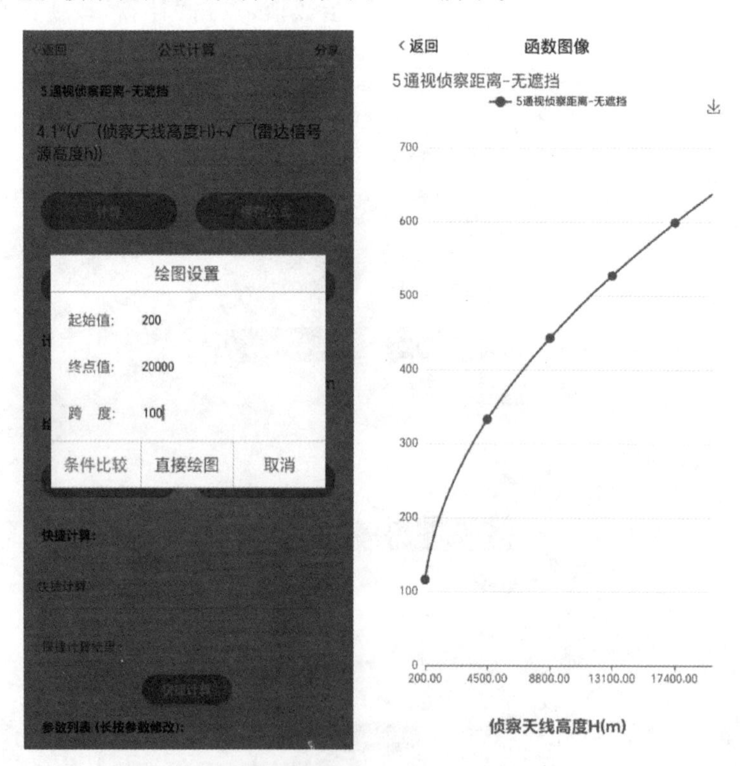


图 5-7　通视侦察范围随侦察天线高度的变化绘图

从图 5-7 中的变化曲线也可以看出，侦察天线高度越高通视侦察范围越大，即侦察系统能看得更远，也就“欲穷千里目，更上一层楼”了。

## 5.3　有遮蔽时的通视侦察范围

### 5.3.1　原理描述

我国有平原、山地和丘陵等自然地貌，如图 5－8 所示，如果考虑山地、丘陵等地形地貌特征，假设 $FGJ$ 为地表凸起的遮蔽物，当遮蔽物越来越靠近 $E$ 点时，会影响侦察系统对敌方雷达的探测。也就是说，在信号探测方向，存在的遮蔽物高度和位置都影响到了最大探测距离。

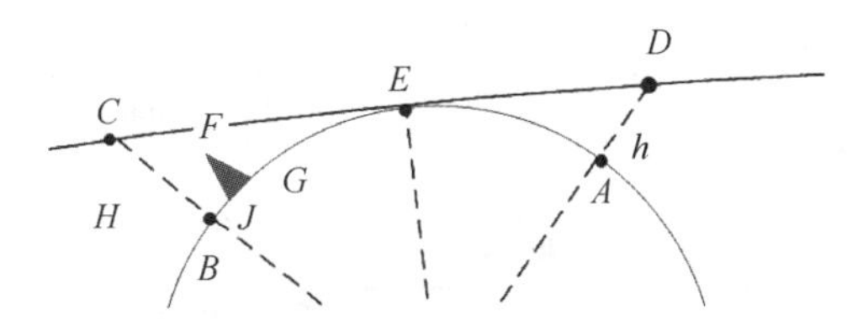


图 5－8　遮蔽物示意图

在现实生活中，陆地上地形遮挡物是普遍存在的。在如图 5－9 所示的情况下，探测距离即为有遮蔽时的通视侦察范围 $R_t$，即 $B$ 点与 $A$ 点的水平距离，可表示为

$$R_t = \left[\frac{1}{2}R_1 - (H_0 - H)\frac{R_e}{R_1}\right] + \frac{\sqrt{[R_1^2 - 2(H_0 - H)R_e]^2 + 8(h - H)R_1^2 R_e}}{2R_1} \tag{5-7}$$

式中，$H_0$ 为遮蔽物的海拔高度，$R_1$ 为 $B$ 点与遮蔽物的水平距离，$R_e$ 为等效地球半径 8 490 km。

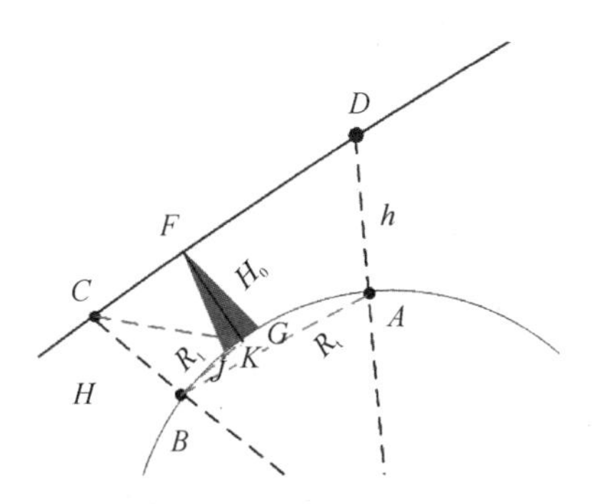


图 5－9　有遮蔽时的通视侦察范围示意图

## 5.3.2 计算分析

### 1. 计算实例

根据表 5－5 所列的参数数值，计算有遮蔽时的通视侦察范围。

表 5－5 例题参数表

| 参数变量 | 参数含义 | 单 位 | 计算数值 |
|---|---|---|---|
| $R_t$ | 有遮蔽时侦察距离 | km | ? |
| $R_1$ | 侦察系统与遮蔽物的水平距离 | km | 20 |
| $H_0$ | 遮蔽物的高度 | km | 1 |
| $H$ | 侦察天线的高度 | km | 0.8 |
| $R_e$ | 等效地球半径 | km | 8 490 |
| $h$ | 雷达天线的高度 | km | 7 |

根据公式(5－7)，代入表(5－5)中的参数数值，即可得 $R_t$ 大约为 258.1 km。

### 2. 软件操作流程

有遮蔽时的通视侦察范围公式计算二维码

使用手机绘算软件进入“公式管理”界面，选择“扫码添加公式”，扫描公式二维码，进入如图 5－10 所示界面，输入参数值，点击“计算”按钮即可得出数值。

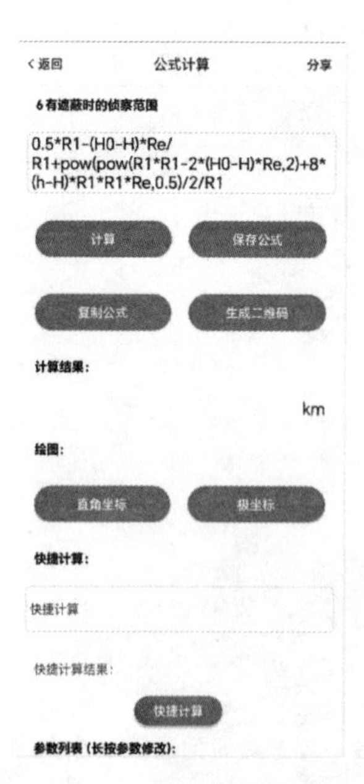


图 5－10 有遮蔽时的通视侦察范围公式计算示意图

### 3. 变量关系绘图分析

在上述其他参数不变的情况下，分析遮蔽物的高度对通视侦察范围的影响。点击如图 5－10 所示“直角坐标”按钮，选择 $x$ 轴为“遮挡物的海拔高度”，并设置相应的起始值、终点值和跨度，点击“直接绘图”按钮，则可得通视侦察范围对遮蔽物的高度变化曲线，如图 5－11 所示。

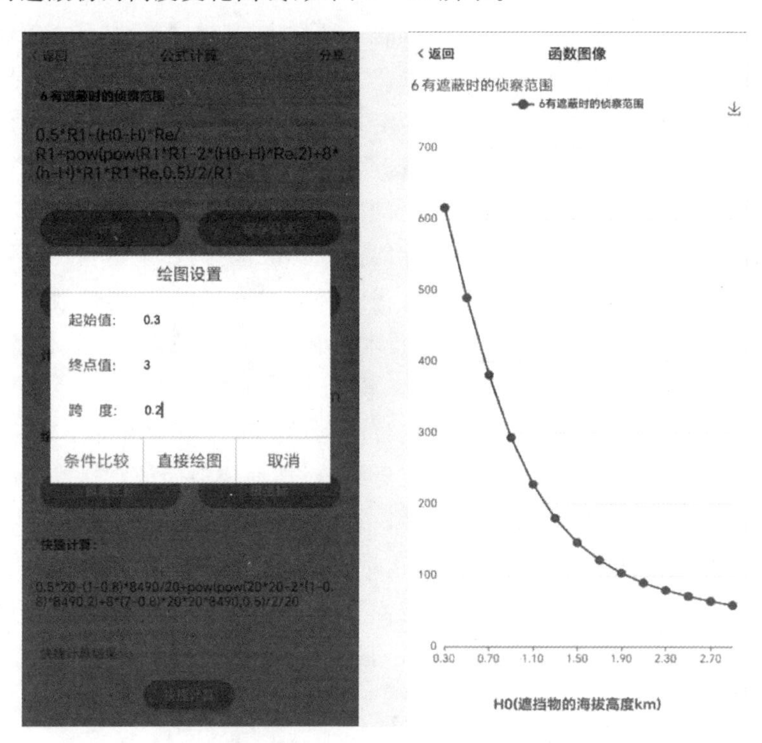


**图 5－11　通视侦察范围随遮蔽物海拔高度的变化绘图**

从图 5－11 中的变化曲线也可以看出，随着遮蔽物海拔高度的增大，侦察范围减小，侦察系统就有可能侦察不到敌方雷达，因此，有必要让侦察系统站得更高，减小环境对其侦察范围的影响。

受到通视侦察距离或者有遮蔽物时通视侦察距离的限制，即使在理想情况下侦察接收机的作用距离比通视侦察范围或有遮蔽时的通视侦察范围大得多，但实际侦察范围也不能超过通视侦察范围或有遮蔽时的通视侦察范围。在实际使用上述的公式进行参数分析或者距离计算时，需要读者根据实际地形地貌情况，选择合适的公式进行侦察范围的计算，也可以根据实际情况对公式进行一定的优化和完善，再进行计算与分析。

# 5.4 飞跃目标定位法

## 5.4.1 原理描述

飞跃目标定位法是单站无源定位的一种方法，其中，“单站”是指仅使用单个侦察站对目标位置进行测定的方法；“无源”是指设备自身不辐射信号，仅通过接收敌方雷达辐射源的信号进而确定其位置。单站定位需要借助其他辅助设备，如导航定位设备、姿态控制设备等，来确定侦察站自身的位置和相对姿态。无源定位具有作用距离远、隐蔽接收、不易被敌方发觉等特点，能有效提高侦察系统在复杂电磁环境下的生存能力和作战能力，在军用和民用领域有着非常广泛的应用价值。无源定位有很多种分类方式，按侦察站数量可以分为单站无源定位和多站无源定位；按技术体制可以分为测向交叉定位、时差定位等。

如图 5 - 12(a)所示，飞跃目标定位法利用近太空雷达对抗侦察卫星、高空雷达对抗侦察飞机或飞艇的窄波束天线，对地面或海面的雷达进行探测和定位。高空中的飞行器在飞行过程中，一旦发现雷达信号，飞行器则根据自身导航和姿态数据，以及雷达信号的到达时间，对雷达进行定位。

飞跃目标定位法给出了在地球表面上雷达可能出现的区域，可近似为圆形，如图 5 - 12(b)所示，由此可见定位存在误差，定位模糊区的面积为

$$S_{\mathrm{t}} = \pi R^2 = \pi\left(H\tan\frac{\theta_{\mathrm{r}}}{2}\right)^2 \tag{5-8}$$

式中，$H$ 为飞行器的高度，$\theta_{\mathrm{r}}$ 为侦察天线波束宽度。由于飞行器的高度 $H$ 较大，而且通常天线的尺寸较小，波束很难做得很窄。因此，定位模糊区较大。如果对指定地区进行多次飞行，目标则会出现在多个模糊区的重叠部分，则可以缩小定位误差，提高定位精度，如图 5 - 12(c)所示。

飞跃目标定位法的原理比较简单，但飞行器需要飞跃敌方的雷达设备上空，因此只适用于战略卫星侦察或部分作战区域的无人机侦察。而且，高空飞行器只能对飞行轨迹下方的区域实施侦察，因此其飞行轨迹会大大限制该方法的探测区域，灵活性不足。此外，当在雷达天线的正上方侦察时，侦察设备对准的一般都是目标雷达天线的副瓣，这对侦察设备的灵敏度提出了较高的要求。

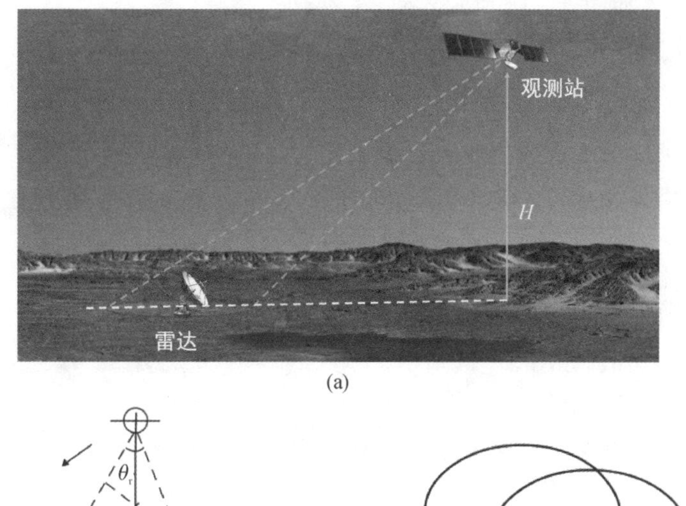


(a)

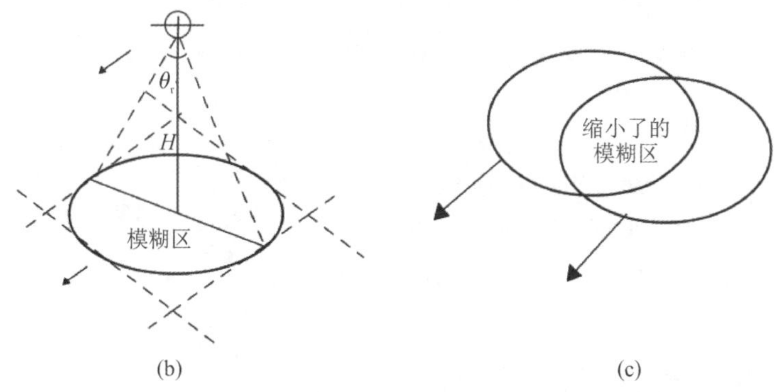


(b)　　　　(c)

**图 5－12　飞跃目标定位法**

## 5.4.2　计算分析

### 1. 计算实例

根据如表 5－6 所列的参数数值，计算飞跃目标定位法定位模糊区的面积。

**表 5－6　例题参数表**

| 参数变量 | 参数含义 | 单　位 | 计算数值 |
|---|---|---|---|
| $S_t$ | 飞跃目标法定位模糊区域面积 | $m^2$ | ? |
| $H$ | 飞行器的高度 | m | 500 000 |
| $\theta_r$ | 侦察天线波束宽度 | ° | 1 |

根据公式(5－8)，代入表(5－6)参数数值，可得 $S_t$ 大约为 59.8 $km^2$。

飞跃目标定位法误差面积公式计算二维码

### 2. 软件操作流程

使用手机绘算软件进入“公式管理”界面，选择“扫码添加公式”，扫描公式二维码，进入如图 5－13 所示界面，输入参数值，点击“计算”按钮即可得出数值。

### 3. 变量关系绘图分析

分析侦察天线波束宽度对定位误差的影响。点击如图 5－13 所示“直角坐标”按钮，选择 $x$ 轴为“侦察天线波束宽度”，并设置相应的起始值、终点值和跨度，点击“直接绘图”按钮，则可得定位误差面积随波束宽度变化的曲线，如图 5－14 所示。

从图 5－14 中的变化曲线也可以看出，在飞行器高度不变的情况下，随着侦察天线波束宽度的减小，定位误差面积也越来越小，定位更精准。要想提高飞跃目标定位的精度，可以适当减小侦察系统的波束宽度。读者可以自行分析，当波束宽度不变时，飞行器高度对定位误差的影响。

图 5－13　飞跃目标定位法误差面积公式计算示意图

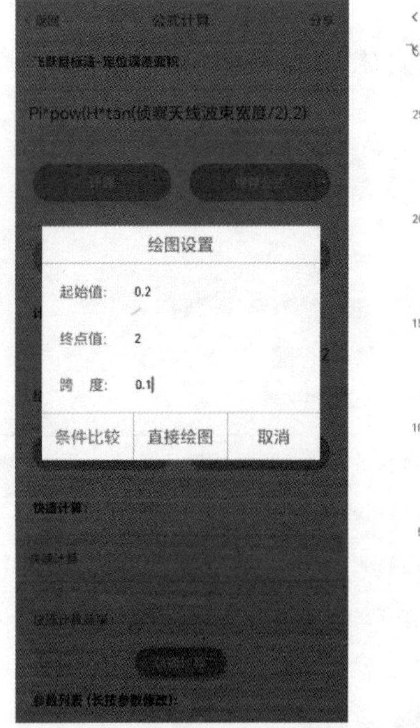


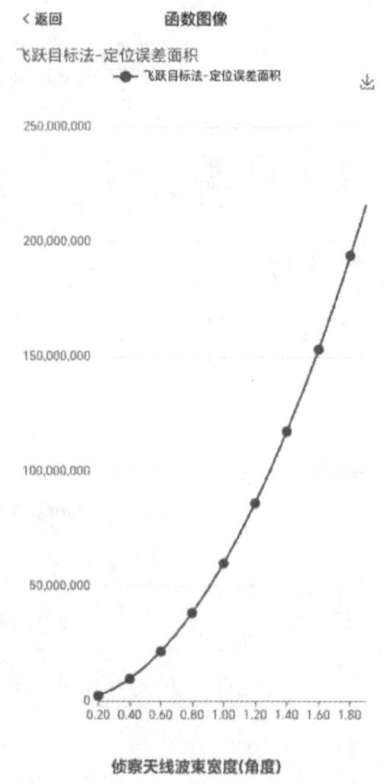


图 5－14　定位误差面积随侦察系统波束宽度的变化绘图

# 5.5　方位-仰角定位法

## 5.5.1　原理描述

方位-仰角定位法是单站无源定位的另一种方法。顾名思义，该方法主要是获得敌方雷达相对于参考点的方位角和仰角。其基本原理是：当飞行器在空中飞行时，一旦发现了雷达信号，立即利用两维测向设备，测量地面雷达的方位角 $\theta$ 和仰角 $\beta$，并根据飞行器的导航数据和姿态数据，推算得到测向线与地面的交点，作为目标雷达的定位结果，即完成对地面雷达的定位。

如图5-15所示中，$H$ 为飞行器与目标雷达处在同一水平面上飞行器投影之间的垂直距离，$R$ 为飞行器与目标雷达的直线距离。不妨设地面雷达位于点 $E(x_e, y_e)$ 处，利用三角形公式可求得飞行器到雷达的直线距离为

$$R=\frac{H}{\sin\beta} \tag{5-9}$$

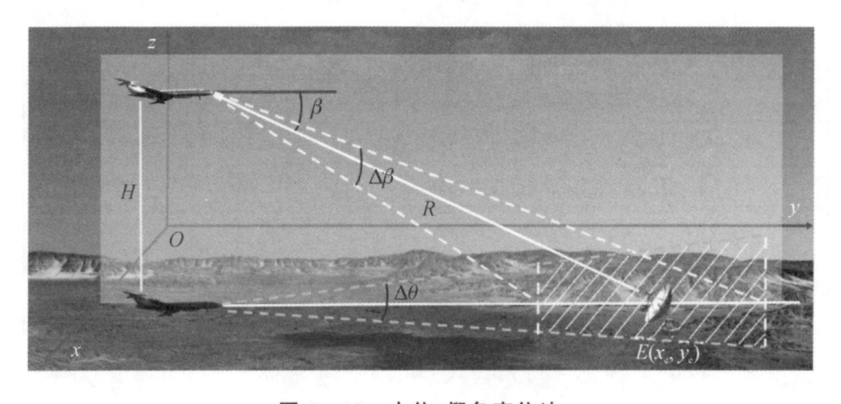


图5-15　方位-仰角定位法

方位-仰角定位法 $x$ 坐标值计算公式二维码

方位-仰角定位法 $y$ 坐标值计算公式二维码

则进一步可得

$$\begin{cases} x_e=H\sin\theta\cot\beta \\ y_e=H\cos\theta\cot\beta \end{cases} \tag{5-10}$$

当建立了如图5-15所示的平面直角坐标系后，则根据式(5-10)可以求出雷达的坐标。

在实际中，由于测向设备存在测向误差，因此测得的目标雷达的方位角和仰角都可能存在误差，而测向上的误差必然会引起定位误差，图5-15中扇形阴影区域表示误差引起的定位模糊区，可表示为 $S=\pi ab$，其中，$a$ 和 $b$ 分别表示为

$$
\begin{cases}
a = H\csc\beta\tan\dfrac{\Delta\theta}{2} \\
b = \dfrac{H}{2}\left[\cot\left(\beta - \dfrac{\Delta\beta}{2}\right) - \cot\left(\beta + \dfrac{\Delta\beta}{2}\right)\right]
\end{cases}
\tag{5-11}
$$

从式(5－11)可以看出，定位模糊区域的大小与 $H$、$\beta$、$\Delta\theta$ 和 $\Delta\beta$ 有关。由于单次定位的精度较低，方位-仰角定位法也可以通过多次飞行定位，以缩小定位模糊区域，提高对目标雷达的定位精度。与飞跃目标定位法相比，方位-仰角定位法不需要飞跃目标雷达设备上方，即可对雷达实施定位，应用场合更为广泛、灵活。

## 5.5.2 计算分析

### 1. 计算实例

根据如表 5－7 所列参数数值，计算飞行器到雷达的直线距离和该情况下定位的模糊区面积。

**表 5－7 例题参数表**

| 参数变量 | 参数含义 | 单　位 | 计算数值 |
|---|---|---|---|
| $S$ | 方位-仰角法定位模糊区域面积 | $m^2$ | ? |
| $R$ | 飞行器到雷达的直线距离 | m | ? |
| $H$ | 飞行器的高度 | m | 5 000 |
| $\beta$ | 仰角 | ° | 30 |
| $\Delta\beta$ | 俯仰上的测向误差 | ° | 0.5 |
| $\Delta\theta$ | 方位上的测向误差 | ° | 0.5 |

方位-仰角定位法飞行器到雷达的直线距离公式计算二维码

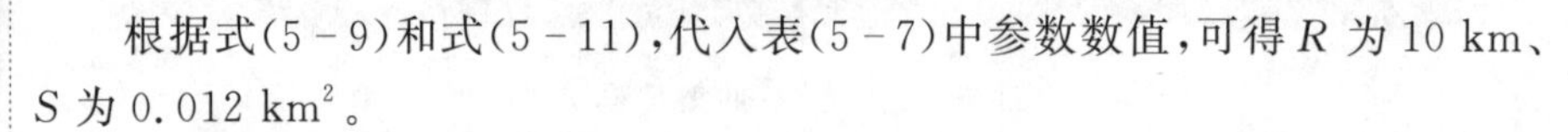

根据式(5－9)和式(5－11)，代入表(5－7)中参数数值，可得 $R$ 为 10 km、$S$ 为 0.012 $km^2$。

### 2. 软件操作流程

使用手机绘算软件进入“公式管理”界面，选择“扫码添加公式”，扫描相应公式二维码，进入如图 5－16 所示界面，输入参数值，点击“计算”按钮即可得出数值。

方位-仰角定位法误差面积公式计算二维码

### 3. 变量关系绘图分析

分析仰角 $\beta$ 对定位误差面积的影响。点击如图 5－16 所示“直角坐标”按钮，选择 $x$ 轴为“仰角 $\beta$”，并设置相应的起始值、终点值和跨度，点击“直接绘图”按钮，则可得仰角 $\beta$ 对定位误差面积的曲线，如图 5－17 所示。

**图 5-16　方位-仰角定位法直线距离与定位误差面积公式计算示意图**

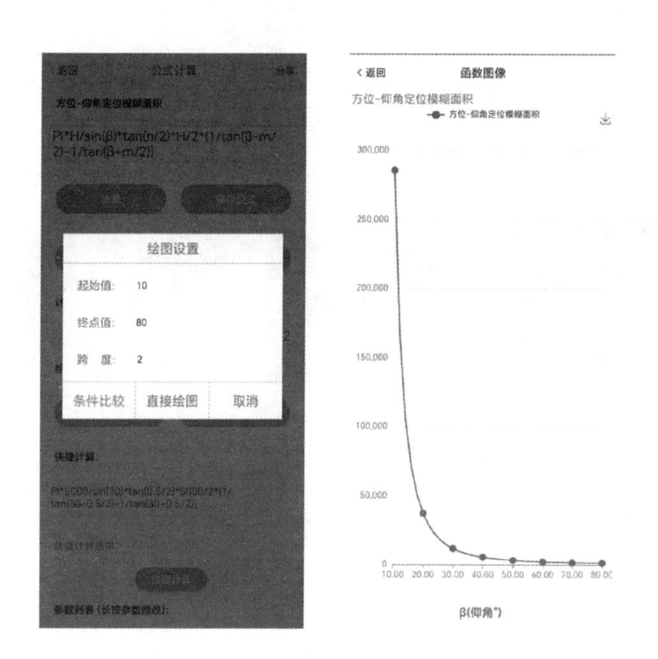


**图 5-17　定位误差面积随仰角的变化绘图**

从图 5-17 中的变化曲线也可以看出，当仰角 $\beta$ 变小，趋向于 0 时，对应的飞行器高度较低，模糊区域变大，甚至出现无法定位的情况。读者可以自行分析，不同的测量误差对定位误差的影响。

## 5.6 测向-交叉定位法

交叉定位法是一种多站无源定位方法。其中,“多站”(至少两站)指通过在空间位置不同的多侦察站协同工作来确定雷达辐射源的位置,也称交叉定位,包括测向-交叉定位法、测向-时差定位法和各种组合无源定位等。

测向-交叉定位主要是通过高精度测向设备,多个侦察站对同一辐射源进行测向,每个侦察站测得的角度对应一条方向线,则多个侦察站对应多条方向线构建方程组,由此可解算出交点的坐标,即辐射源的位置。测向-交叉定位法是一种广泛应用的经典定位方法。

测向-交叉定位法 $x$ 坐标公式计算二维码

测向-交叉定位法 $y$ 坐标公式计算二维码

如图 5-18 所示,以地面两个侦察站对空中辐射源定位为例,地面两个位置为已知的侦察站 $A$ 和 $B$,空中 $C$ 处有一个机载雷达。当雷达辐射信号时,地面侦察站收到信号,可对其测向。$A$、$B$ 两侦察站的测向结果分别为 $\theta_1$、$\theta_2$,由于侦察站 $A$、$B$ 两点的位置已知,且 $A$、$B$、$C$ 处于同一个平面,则根据平面几何知识,$\triangle ABC$ 是唯一确定的,在该平面上建立一个直角坐标系,则雷达辐射源的坐标 $(x,y)$ 可以由 $\theta_1$、$\theta_2$,以及 $A$、$B$ 两点的坐标表示为

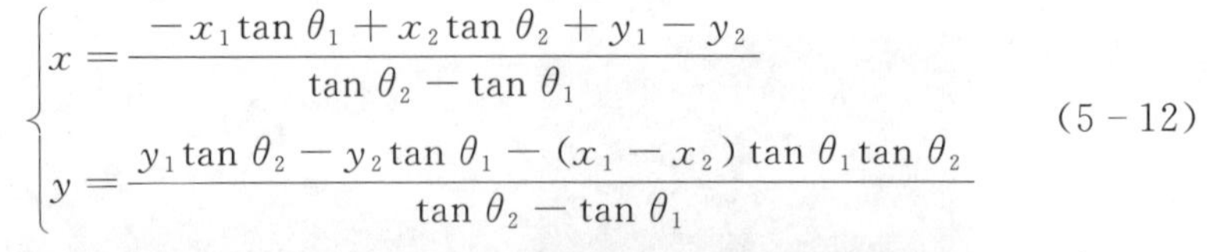

$$\begin{cases} x = \dfrac{-x_1\tan\theta_1 + x_2\tan\theta_2 + y_1 - y_2}{\tan\theta_2 - \tan\theta_1} \\ y = \dfrac{y_1\tan\theta_2 - y_2\tan\theta_1 - (x_1 - x_2)\tan\theta_1\tan\theta_2}{\tan\theta_2 - \tan\theta_1} \end{cases} \tag{5-12}$$

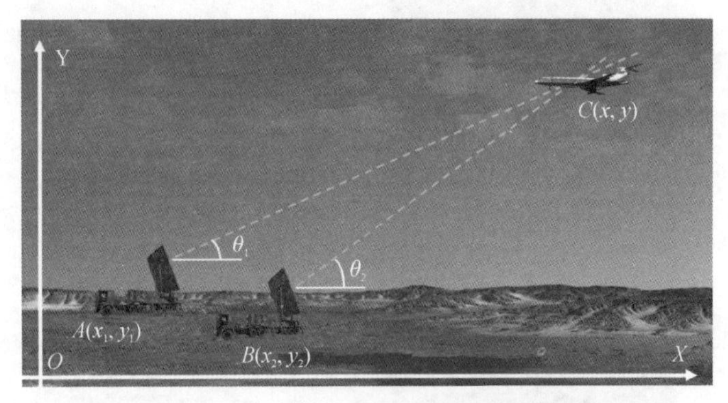


图 5-18 侦察站与雷达位置示意图

当建立了如图 5-18 所示的平面直角坐标系后,则根据式(5-12)可以求出雷达的坐标。

测向-交叉定位法需要知道侦察站的位置和侦察站对雷达辐射源的测向结果,该方法的定位误差主要来源于两个方面:一是侦察站位置的测量误差;二是侦察站对雷达辐射源的测向误差。其中,侦察站一般采用北斗或 GPS 系

统定位，对自身位置测量的误差较小，可以忽略不计。侦察站对雷达辐射源的测向误差，是交叉定位误差的主要来源。由于侦察天线波束有一定的宽度，两个侦察站所得到的测向线存在重叠的区域，如图 5-19 所示，在图中为一个四边形，即定位模糊区，目标雷达辐射源就在该区域内，定位模糊区的面积可以近似表示为

$$A=\left|\frac{4R^2\Delta\theta_1\Delta\theta_2}{\sin\theta_1\sin\theta_2\sin(\theta_2-\theta_1)}\right| \tag{5-13}$$

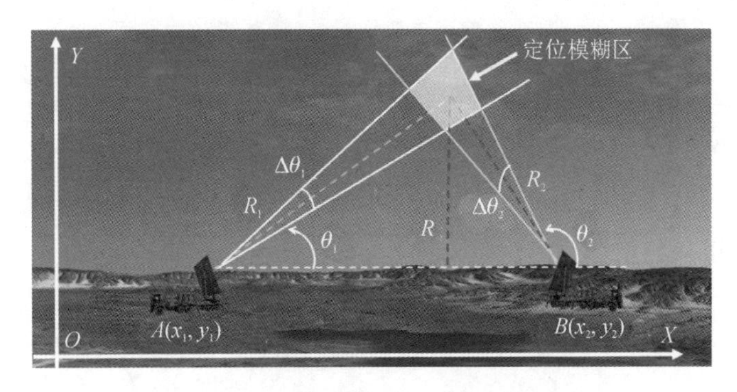


**图 5-19　测向-交叉定位法模糊区示意图**

在实际运用中，经常使用等效的定位误差圆来描述定位误差，即圆概率误差 CEP 的概念。CEP 与测向误差、侦察站位置配置以及辐射源到基线的垂直距离 $R$ 等有关。对于三维空间而言，定位误差的区域则扩展为一个球形区域，称为球概率误差。

除了利用多个不同位置的侦察设备同时对辐射源测向得到辐射源位置之外，还可以利用同一台侦察设备在飞行航线的不同位置对辐射源进行多次测向，同样也可以得到辐射源位置。为了提高测向-交叉定位的精度，一方面可以尽量提高侦察站的测向精度；另一方面需要合理配置两个侦察站的位置，即当两个侦察站与辐射源构成等边三角形时，模糊区面积最小，则对应的定位误差减小，定位精度也得到提高。

## 5.7　测向-时差定位法

### 5.7.1　原理描述

测向-时差定位法示意图如图 5-20 所示，$E$ 点为辐射源，侦察站 $A$ 和转发站 $B$ 之间的距离为 $d$，辐射源 $E$ 与侦察站 $A$、转发站 $B$ 的距离分别为 $R_1$、$R_2$。

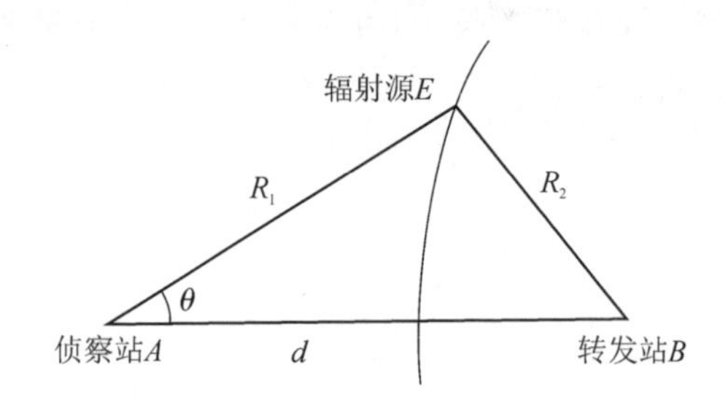


**图 5-20　测向-时差定位法示意图(转发站 B 为固定平台)**

转发站 $B$ 配有全向天线和定向天线两个天线，全向天线用来接收辐射源辐射的信号，信号经过放大，再由定向天线转发给侦察站 $A$。侦察站 $A$ 也有两个天线，一个用来对辐射源 $E$ 的方位角信息进行测向，另一个是用来接收转发站 $B$ 送来的信号，并测量该信号与直接到达侦察站 $A$ 的同一个目标信号的时间差。显然，$A$ 和 $B$ 对于同一目标的时间差可以表示为

$$\Delta t=\frac{R_2+d-R_1}{c} \tag{5-14}$$

式中，$c$ 为光速。根据数学三角函数中的余弦定理，有

$$R_2^2=R_1^2+d^2-2R_1 d\cos\theta \tag{5-15}$$

根据式(5-14)和式(5-15)整理后，可得辐射源 $E$ 与侦察站 $A$ 之间的距离 $R_1$ 为

$$R_1=\frac{c\Delta t\,(d-c\Delta t/2)}{c\Delta t-d\,(1-\cos\theta)} \tag{5-16}$$

即当已知侦察站 $A$ 与转发站 $B$ 间的距离 $d$ 和时差 $\Delta t$ 后，就可以计算侦察站 $A$ 与辐射源间的距离 $R_1$，再加上侦察站 $A$ 可对辐射源进行测向，则可得到辐射源的具体位置。

如图 5-21 所示，如果转发站 $B$ 位于运动平台上，则它与侦察站 $A$ 之间的距离 $d$ 以及与参考方向的夹角 $\theta_0$ 需要借助其他设备，如应答机来进行实时测量。若应答机测得侦察站 A 与转发站 B 之间信号传播的时间为 $\Delta t_{AB}$，则侦察站 $A$ 与转发站 $B$ 之间的距离 $d$、角度 $\theta$ 可以分别表示为

$$\begin{cases} d=c\Delta t_{AB} \\ \theta=\theta_1-\theta_0 \end{cases} \tag{5-17}$$

类似地，可以推导出侦察站 $A$ 与辐射源 $E$ 之间的距离 $R_1$，即

$$R_1=\frac{c\Delta t\,(\Delta t_{AB}-\Delta t/2)}{\Delta t-\Delta t_{AB}\left[1-\cos(\theta_1-\theta_0)\right]} \tag{5-18}$$

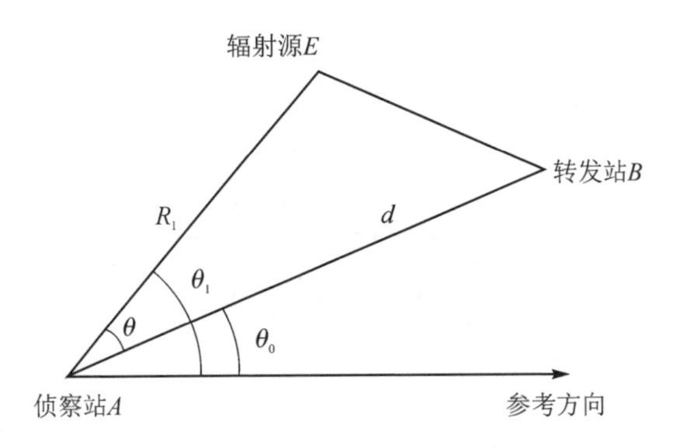


**图 5-21　测向-时差定位法示意图(转发站 *B* 为运动平台)**

## 5.7.2　计算分析

### 1. 计算实例

在测向-时差定位法中，若转发站 $B$ 为固定站，根据如表 5-8 所列参数数值，试求固定侦察站与辐射源的距离。

**表 5-8　例题参数表**

| 参数变量 | 参数含义 | 单　位 | 计算数值 |
|---|---|---|---|
| $R_1$ | 辐射源与侦察站 $A$ 的距离 | m | ? |
| $d$ | 侦察站 $A$ 与转发站 $B$ 的距离 | m | 30 000 |
| $\theta$ | 辐射源-侦察站 $A$ -转发站 $B$ 的夹角 | ° | 30 |
| $\Delta t$ | 时差 | s | 0.000 1 |
| $c$ | 光速 | m/s | $3\times10^8$ |

根据式(5-16)，代入表(5-8)参数数值，可得 $R_1$ 为 17.3 km。

### 2. 软件操作流程

使用手机绘算软件进入“公式管理”界面，选择“扫码添加公式”，扫描公式二维码，进入如图 5-22 所示界面，输入参数值，点击“计算”按钮即可得出数值。

测向-时差定位法侦察站与辐射源的距离公式计算二维码(固定平台)

### 3. 变量关系绘图分析

在上述其他参数不变的情况下，分析角度 $\theta$ 对距离的影响。点击如图 5-22 所示“直角坐标”按钮，选择 $x$ 轴为“目标-侦察站 $A$ -转发站 $B$ 的夹角 $\theta$”，并设置相应的起始值、终点值和跨度，点击“直接绘图”按钮，则可得距离 $R_1$ 对角度 $\theta$ 变化的曲线，如图 5-23 所示。

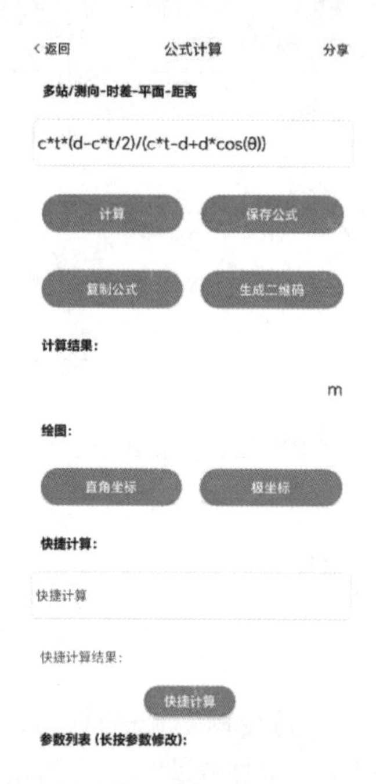


图 5－22　测向-时差定位法侦察站与辐射源的距离公式计算示意图

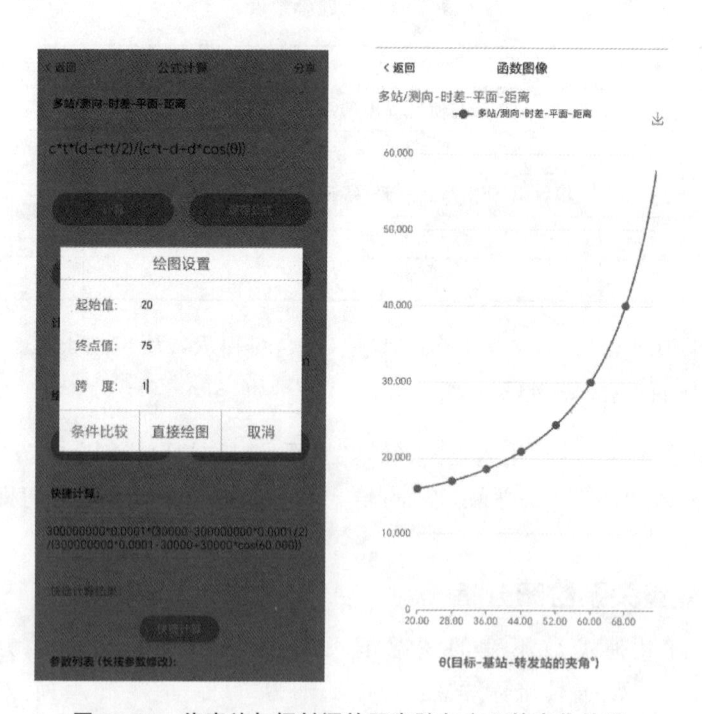


图 5－23　侦察站与辐射源的距离随角度 $\theta$ 的变化绘图

## 5.8　时差定位法

时差定位法主要是通过测量出同一信号到达各侦察站的时间差，由此来确定辐射源在平面或空间中的位置。在数学中，双曲线函数图像有两条曲线和两个焦点，如图5－24所示，双曲线上任意一点 $T$，到两焦点 $F_1$ 和 $F_2$ 之间的距离差为常数 $2a$，即双曲线两顶点之间的线段长度。

假设当 $A$、$B$ 两个侦察站位于双曲线函数图像的两个焦点时，某辐射源 $E$ 发出的同一脉冲信号被两个侦察站收到，根据两侦察站收到此脉冲的时间差，即可得到辐射源到两侦察站的路程差，当路程差已知时，辐射源必定位于双曲线的一条曲线上。时差定位法对测向精度不作要求，但对脉冲到达时间的测量精度要求较高。

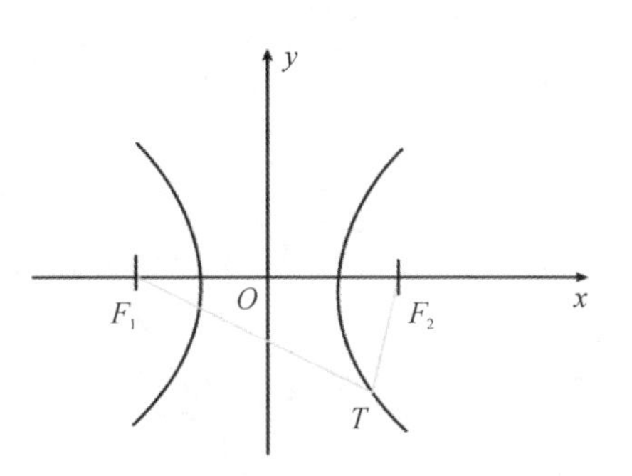


**图5－24　双曲线函数图像**

如图5－25所示，当 $O$、$A$、$B$ 三个侦察站与待定位的辐射源 $E$ 位于同一平面时，则三个侦察站组成时差定位系统。其中，$O$ 为主站，$A$、$B$ 为辅助站，则两条双曲线的两个交点：一个是辐射源的位置，另一个是定位模糊点。

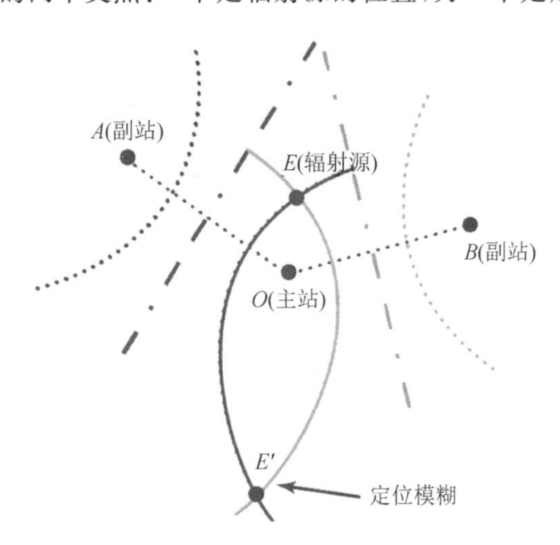


**图5－25　平面三站定位示意图**

如何解决定位模糊问题呢？一是使主站 $O$ 具有测向功能，位于主站对辐射源测向线上的交点才是辐射源位置；二是再增加一个侦察站，产生一个新的时差项，四个侦察站构成的时差定位系统可以得到三条双曲线，它们通常只有一个交点，可以解决定位模糊问题，从而在平面上实现了对辐射源的定位。时差定位法具有较高的定位精度，在辐射源定位中得到了较好的应用。

不同的布站方式会影响定位计算的复杂程度和精度，图 5-26 给出了一种较好的平面定位的四站布站方式，其中，$O$ 为主站，$A$、$B$、$C$ 为辅助站，$E$ 为空间内待定位的辐射源。

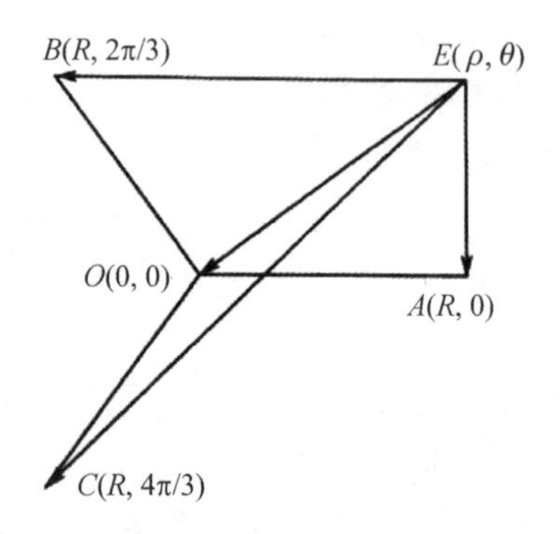


**图 5-26　平面四站布站**

除了测向-交叉定位法、测向-时差定位法和时差定位法之外，还有其他定位方法，比如多站多普勒差定位方法；也可以综合运用多种定位方法构成复合定位体制。常见的复合定位体制包括多站测向与时差联合定位、多站测向与多普勒差联合定位和多站时差与多普勒差联合定位等。

## 思考题

5.1　试分析可以采取哪些措施增大侦察系统的理想侦察距离。

5.2　我方侦察天线高度为 20 m，敌方雷达高度为 500 m，试计算二者之间的通视侦察距离。

5.3　对于式(5-7)，在 5.3.2 节的计算实例参数下，试分析侦察天线高度对有遮蔽时的通视侦察范围的影响。

5.4　某侦察天线高度为 10 km，测得仰角 $\beta=60°$ 方向有敌方雷达，试计算侦察天线与雷达之间的直线距离。

5.5　试分析本章中几种无源定位技术的优缺点。

# 第6章　雷达干扰基本原理与计算分析

想象一下，你和你的朋友在玩捉迷藏，你的朋友负责找人，而你则尽量躲藏，力求不被发现。在这个游戏中，雷达就是那个负责“找人”的工具，而你在观察对方的同时还要尽可能采取有效的策略，扰乱对方做出正确的判断，如向远处扔个石子把朋友引导到相反方向，或者干脆采取一动不动“躲藏”的策略。

在雷达对抗中，可以使用各种技术手段，例如，发射干扰信号，让雷达接收到的信息变得混乱，难以分辨真正的目标；使用特殊的材料和外形设计，减少雷达波的反射，使得自己在雷达屏幕上变得模糊甚至消失，就像穿上了一件“隐形斗篷”。本章将结合压制系数、干扰方程和干扰有效空间等探讨雷达干扰效能计算的基本概念与计算分析方法。为了使读者更清晰直观地理解，本章结合雷达对抗效能绘算软件，计算与分析有效干扰距离，介绍不同情况下的干扰方程，为理解雷达干扰效能计算原理和开展计算分析提供帮助。

## 6.1　雷达干扰

### 6.1.1　原理描述

雷达干扰是指削弱和破坏敌方雷达探测和跟踪目标能力的电子干扰，雷达干扰对干扰对象的影响只存在于干扰行动持续时间内，一般不会对干扰对象实体造成破坏。雷达干扰的分类有很多种，常见分类如表 6-1 所列。

**表 6-1　雷达干扰常见分类**

| 分类依据 | 分类结果 |
| --- | --- |
| 干扰产生方法 | 有源干扰、无源干扰 |
| 干扰性质 | 压制干扰、欺骗干扰 |
| 干扰的产生因素 | 有意干扰、无意干扰 |
| 按战术应用的空间位置关系 | 支援干扰、自卫干扰 |

根据干扰产生方法，可以分为有源干扰和无源干扰。其中，有源干扰是指利用干扰机主动发射干扰信号，以欺骗、混淆或压制敌方雷达系统，使其无法

准确探测目标，也称之为主动干扰；无源干扰是指干扰信号不通过独立的发射源产生，而是利用箔条、角反射器和龙伯透镜等器材，反射、衰减或吸收电磁波，也称之为被动干扰。

根据干扰性质，可以分为压制干扰和欺骗干扰。其中，压制干扰主要针对敌方雷达系统的接收端，干扰机发射的或无源器材反射的强干扰信号进入雷达接收机，在雷达接收机中形成对回波信号有遮盖、压制作用的干扰噪声，使雷达难以从中检测到目标信息；欺骗干扰主要针对敌方雷达系统的信号处理模块，干扰机发射的或无源器材反射的与目标信号特征相同或相似的假信号，使得雷达接收机难以将干扰信号与目标回波区分开，使雷达不能正确地检测到目标信息。

根据干扰的产生因素，可以分为有意干扰和无意干扰。其中，有意干扰是指人为有意识地发出的干扰信号；无意干扰是指因自然或其他因素无意识形成的干扰。

按战术应用的空间位置关系，可以分为支援干扰和自卫干扰。其中，支援干扰是指干扰系统和被保护目标不配置在一起，分为远距离支援干扰、近距离支援干扰和随队支援干扰等，支援干扰一般实施的是旁瓣干扰；自卫干扰是指干扰系统和被保护目标配置在一起的情况，自卫干扰一般实施的是主瓣干扰。

为了方便分析，下面以有源支援干扰和有源自卫干扰为例进行分析。有源干扰系统的主要技术指标包括干扰机发射功率和有效辐射功率、压制系数、系统灵敏度、最小干扰距离和干扰空域等。只有与受到干扰的敌方雷达接收系统联系起来，才能知道雷达干扰的效果，雷达干扰方程与双方系统参数均有关系。

一般情况下，雷达接收机和发射机是在同一个位置，假设雷达与干扰机位置相对固定，被掩护的目标是空中飞行的侦察机，可从任一方向接近雷达。目标、干扰机和雷达三者的空间关系如图 6-1 所示，雷达与目标的距离为 $R_t$，雷达与干扰机的距离为 $R_j$。雷达天线主瓣指向目标，干扰机天线主瓣指向雷达，此时雷达将同时收到目标回波信号和干扰机的干扰信号。

下面讨论理想情况下有源支援干扰情况下的干扰方程，干扰方程表示了三者之间的能量关系。

在图 6-1 中，干扰机为了压制雷达、保护目标，干扰信号从干扰机到雷达是单程传播的。假设干扰机的发射功率为 $P_j$，干扰天线主瓣指向雷达，不考虑大气衰减、地面反射和系统损耗等条件，当干扰信号带宽覆盖雷达接收机带宽时，到达雷达接收机的干扰信号功率可表示为

$$P_{rj}=\frac{P_j G_j A' \gamma_j}{4\pi R_j^2} \tag{6-1}$$

式中,$A'$是雷达天线在干扰方向上的有效接收面积,$\gamma_j$ 是干扰信号相对雷达天线的极化损失。在天线理论中,有效接收面积 $A'$与雷达天线在干扰方向上的增益 $G_t(\theta)$之间的关系为 $A'=\dfrac{G_t(\theta)\lambda_j^2}{4\pi}$,因此雷达接收到的干扰信号功率也可表示为

$$P_{rj}=\frac{P_jG_jG_t(\theta)\lambda_j^2\gamma_j}{(4\pi)^2R_j^2} \tag{6-2}$$

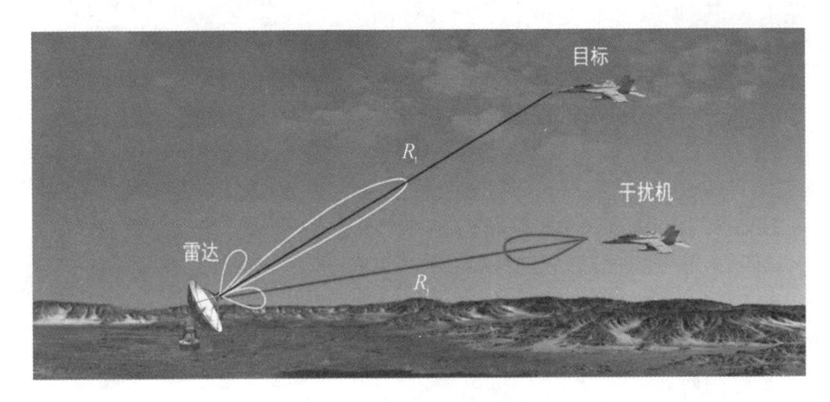


图 6-1　目标、干扰机和雷达三者的空间关系

## 6.1.2　计算分析

### 1. 计算实例

根据如表 6-2 所列参数数值,计算雷达接收到的干扰信号的功率。

表 6-2　例题参数表

| 参数变量 | 参数含义 | 单　位 | 计算数值 |
|---|---|---|---|
| $P_{rj}$ | 雷达接收到的干扰信号功率 | W | ? |
| $P_j$ | 干扰发射功率 | W | 5 000 |
| $G_j$ | 干扰天线增益 | dB | 20 |
| $G_t(\theta)$ | 雷达天线在干扰方向上的增益 | dB | 30 |
| $\lambda_j$ | 干扰信号波长 | m | 0.03 |
| $\gamma_j$ | 干扰信号相对雷达天线的极化损失 | — | 1 |
| $R_j$ | 干扰机与雷达之间的距离 | m | 20 000 |

根据式(6-2),代入表(6-2)中参数数值,可得 $P_{rj}$ 约为 0.000 007 W。

## 2. 软件操作流程

雷达接收到的干扰信号功率公式计算二维码

使用手机绘算软件进入“公式管理”界面，选择“扫码添加公式”，扫描公式二维码，进入如图 6-2 所示界面，输入参数值，点击“计算”按钮即可得出数值。

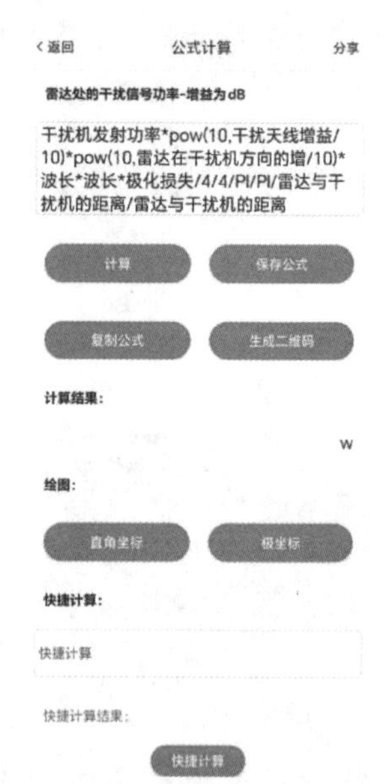


图 6-2　雷达接收到的干扰信号功率公式计算示意图

## 3. 变量关系绘图分析

在上述其他参数不变的情况下，分析雷达与干扰机之间的距离对雷达接收到的干扰信号功率的影响。点击如图 6-2 所示“直角坐标”按钮，选择 $x$ 轴为“干扰机与雷达之间的距离”，并设置相应的起始值、终点值和跨度，点击“直接绘图”按钮，则可得 $P_{rj}$ 对距离变化的曲线，如图 6-3 所示。

从图 6-3 中可以看出，随着雷达与干扰机之间距离的增大，雷达接收到的干扰信号功率急剧降低。

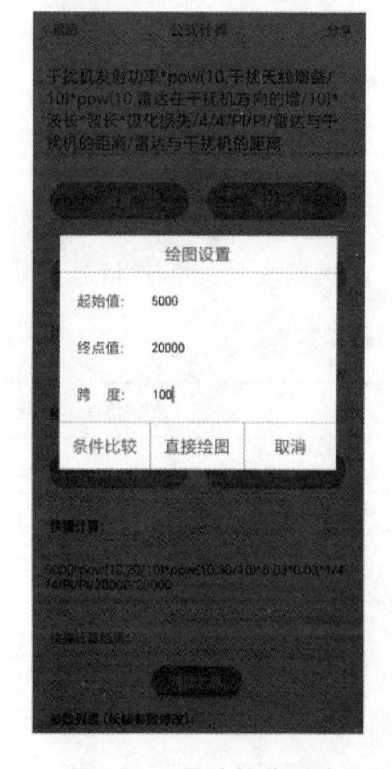


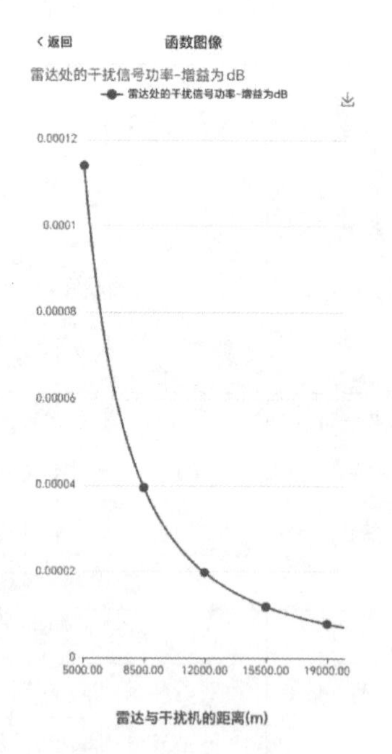


图 6-3　雷达接收到的干扰信号功率随距离的变化绘图

# 6.2　压制系数

## 6.2.1　原理描述

在前面的章节中,我们推导过雷达接收的回波信号功率。在图6-1中,位于地面的雷达通过发射电磁波探测空中的目标,当电磁波到达目标处后,目标会产生二次散射,并返回到雷达天线,因此电磁波是双程传播的。假设雷达发射机功率为$G_t$,雷达天线的主瓣指向目标,在不考虑大气衰减等条件下,雷达接收到的目标回波信号功率可表示为

$$P_{rs}=\frac{P_tG_tA_e\sigma}{(4\pi)^2R_t^4} \tag{6-3}$$

在天线理论中,有效接收面积$A_e$与发射天线增益$G_t$之间的关系为$A_e=\frac{G_t\lambda^2}{4\pi}$,因此雷达接收到的目标回波信号功率也可表示为

$$P_{rs}=\frac{P_tG_t^2\lambda^2\sigma}{(4\pi)^3R_t^4} \tag{6-4}$$

压制系数是干扰系统的主要技术指标之一,是对雷达实施有效干扰时,所需要的最小干扰信号与雷达回波信号功率之比。对于压制系数,有两个基本概念:一个是端外压制系数$K_j$;另一个是端内压制系数$K_a$。本节中讨论端外压制系数$K_j$。国内外普遍将雷达检测概率下降到10%时,将雷达接收机输入端干扰信号功率$P_{rj}$与目标回波信号功率$P_{rs}$的比值称为压制系数,可表示为

$$K_j=P_{rj}/P_{rs} \tag{6-5}$$

干扰信号样式、雷达的抗干扰能力和雷达对目标的检测方式都会影响压制系数的值。

## 6.2.2　计算分析

### 1. 计算实例

根据表6-3所列参数数值,计算压制系数。

**表6-3　例题参数表**

| 参数变量 | 参数含义 | 单　位 | 计算数值 |
|---|---|---|---|
| $K_j$ | 压制系数 | — | ? |
| $P_{rj}$ | 雷达接收到的干扰信号功率 | W | 0.000 007 |
| $P_{rs}$ | 雷达接收到的回波信号功率 | W | 0.000 002 4 |

根据式(6-5),代入表6-3中参数数值,可得 $K_j$ 约为2.9。

### 2. 软件操作流程

使用手机绘算软件进入“公式管理”界面,选择“扫码添加公式”,扫描公式二维码,进入如图6-4所示界面,输入参数值,点击“计算”按钮即可得出数值。

压制系数公式计算二维码

图6-4 压制系数公式计算示意图

### 3. 变量关系绘图分析

仅从式(6-5)就可以看出,压制系数与雷达接收到的干扰信号功率成正比,与雷达接收到的回波信号功率成反比,当干扰信号功率越大,压制系数越大。

## 6.3 支援干扰的方程

### 6.3.1 原理描述

支援干扰和自卫干扰的干扰方程是计算和确定干扰有效空间的依据,干扰方程从数学公式上描述了当干扰有效时,雷达、干扰和被保护目标三者之间的空间能量关系。

对于支援干扰,若忽略雷达接收机内部热噪声,雷达接收机输入端的干扰信号功率 $P_{rj}$ 与目标信号功率 $P_{rs}$ 的比值称为干信比,可表示为

$$\frac{P_{rj}}{P_{rs}}=\frac{P_jG_j}{P_tG_t}\cdot\frac{R_t^4}{R_j^2}\cdot\frac{4\pi\gamma_j}{\sigma}\cdot\frac{G_t(\theta)}{G_t} \tag{6-6}$$

从式(6-6)可看出,干信比与距离有关,当目标与雷达的距离 $R_t$ 越小,干信比的值越小,对干扰越不利。依据干信比来判断干扰是否有效,其评价指标为压制系数。当干信比大于或等于 $K_j$ 时,才有可能形成有效干扰,则得到第一干扰不等式为

$$\frac{P_jG_j}{P_tG_t}\cdot\frac{R_t^4}{R_j^2}\cdot\frac{4\pi\gamma_j}{\sigma}\cdot\frac{G_t(\theta)}{G_t}\geqslant K_j \tag{6-7}$$

即基本干扰方程,该方程适用于有源支援干扰和旁瓣干扰。从式(6-7)可看出,$K_j$ 是与干扰机、雷达有关的综合性函数,是一个无量纲的数值。

上述方程适用于瞄准式干扰的情况。当干扰机的带宽很宽时,干扰机产生的干扰功率并不能全部进入雷达接收机,若考虑带宽因素带来的影响,则干扰方程可表示为

$$\frac{P_jG_j}{P_tG_t}\cdot\frac{R_t^4}{R_j^2}\cdot\frac{4\pi\gamma_j}{\sigma}\cdot\frac{G_t(\theta)}{G_t}\cdot\frac{\Delta f_r}{\Delta f_j}\geqslant K_j \tag{6-8}$$

即一般干扰方程。

## 6.3.2 计算分析

### 1. 计算实例

根据如表 6-4 所列参数数值,计算压制系数。

**表 6-4　例题参数表**

| 参数变量 | 参数含义 | 单　位 | 计算数值 |
|---|---|---|---|
| $K_j$ | 压制系数 | — | ? |
| $P_j$ | 干扰发射功率 | W | 25 |
| $G_j$ | 干扰天线增益 | dB | 20 |
| $P_t$ | 雷达发射机功率 | W | 10 000 |
| $G_t$ | 雷达发射天线主瓣增益 | dB | 40 |
| $R_t$ | 雷达与目标之间的距离 | m | 10 000 |
| $R_j$ | 干扰机与雷达之间的距离 | m | 8 000 |
| $\gamma_j$ | 干扰信号相对雷达天线的极化损失 | — | 0.3 |
| $\sigma$ | 目标的散射截面积 | $m^2$ | 55 |
| $G_t(\theta)$ | 雷达天线在干扰方向上的增益 | dB | 30 |
| $\Delta f_r$ | 雷达接收机带宽 | Hz | $1.2\times10^6$ |
| $\Delta f_j$ | 干扰信号带宽 | Hz | $4\times10^6$ |

有源支援基本干扰方程公式计算二维码

有源支援一般干扰方程公式计算二维码

根据式(6－8),代入表 6－4 中参数数值,可得 $K_j$ 约为 8.0。

## 2. 软件操作流程

使用手机绘算软件进入“公式管理”界面,选择“扫码添加公式”,扫描有源支援一般干扰方程公式计算二维码,进入如图 6－5 所示界面,输入参数值,点击“计算”按钮即可得出数值。

图 6－5　有源支援一般干扰方程-压制系数公式计算示意图

## 3. 变量关系绘图分析

在上述其他参数不变的情况下,分析干扰机信号功率对压制系数的影响。点击如图 6－5 所示“直角坐标”按钮,选择 $x$ 轴为“干扰发射功率”,并设置相应的起始值、终点值和跨度,点击“直接绘图”按钮,则可得 $P_j$ 对压制系数影响的曲线,如图 6－6 所示。

从图 6－6 中可以看出,随着干扰发射功率的增大,雷达接收到的干扰信号也随之增大,压制系数变大,干扰效果变好。

此外,在上述其他参数不变的情况下,分析雷达在干扰方向的增益对压制系数的影响。点击如图 6－5 所示“直角坐标”按钮,选择 $x$ 轴为“雷达天线在干扰方向上的增益”,并设置相应的起始值、终点值和跨度,点击“直接绘图”按钮,则可得 $G_t(\theta)$ 对压制系数影响的曲线,如图 6－7 所示。

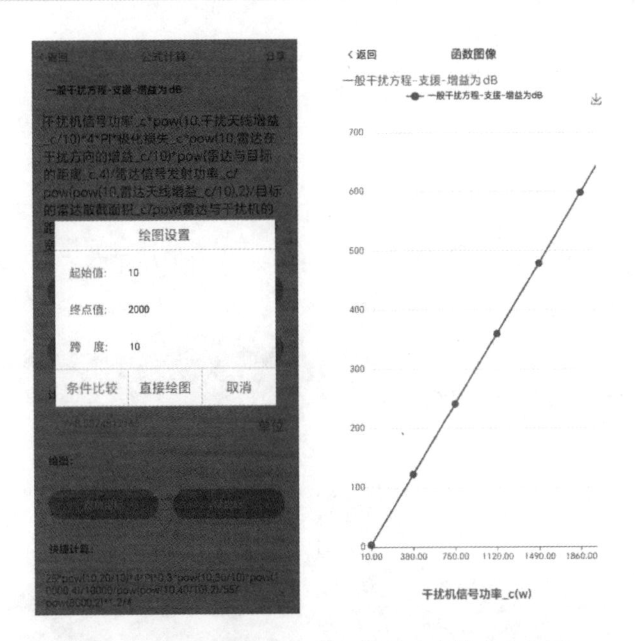


图 6-6　压制系数随干扰机信号功率的变化绘图

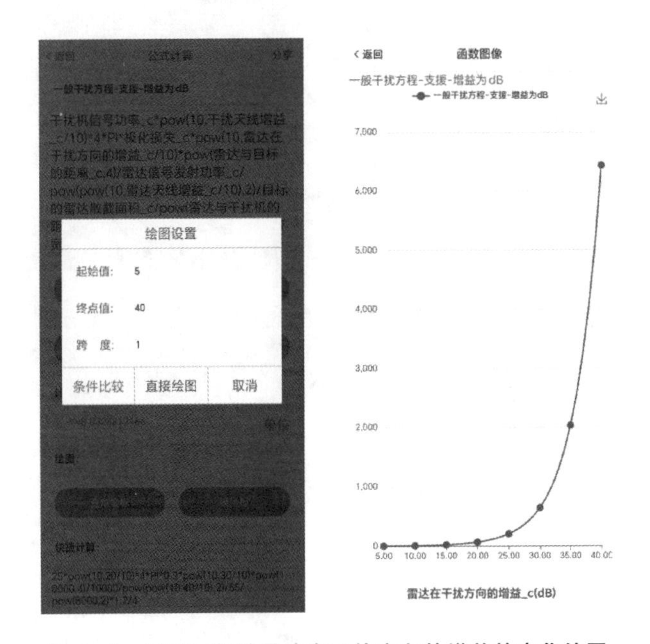


图 6-7　压制系数随雷达在干扰方向的增益的变化绘图

从图 6-7 中可以看出，随着雷达在干扰方向的增益越来越大，雷达接收机接收到的干扰信号功率也会对应增大，压制系数也会增大。

# 6.4 自卫干扰的方程

## 6.4.1 原理描述

当干扰机和被保护目标配置在一起的时候，即为自卫干扰，此时雷达固定，目标和干扰机运动，其示意图如图 6－8 所示。

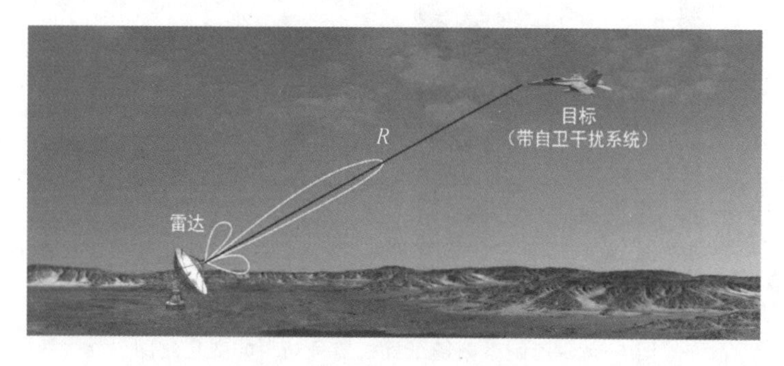


图 6－8　自卫干扰示意图

有源自卫基本干扰方程公式计算二维码

在自卫干扰情况下，$G_t=G_t(\theta)$，$R_t=R_j=R$，雷达接收到的目标回波信号功率为 $P_{rs}=\dfrac{P_tG_t^2\lambda^2\sigma}{(4\pi)^3R^4}$，接收到的干扰信号功率为 $P_{rj}=\dfrac{P_jG_jG_t\lambda_j^2\gamma_j}{(4\pi)^2R^2}$，因此自卫干扰方程可表示为

$$\frac{P_jG_j}{P_tG_t}\cdot\frac{4\pi\gamma_j}{\sigma}\cdot R^2\geqslant K_j \tag{6-9}$$

即基本干扰方程。若考虑带宽因素带来的影响，则自卫干扰方程可表示为

$$\frac{P_jG_j}{P_tG_t}\cdot\frac{4\pi\gamma_j}{\sigma}\cdot R^2\cdot\frac{\Delta f_r}{\Delta f_j}\geqslant K_j \tag{6-10}$$

即一般干扰方程。

有源自卫一般干扰方程公式计算二维码

## 6.4.2 计算分析

### 1. 计算实例

某飞机使用干扰吊舱进行自卫干扰，假设要在 60 km 外对雷达实施有效压制，该雷达的发射功率 $P_t$ 为 1 MW，天线增益 $G_t$ 为 40 dB，雷达信号带宽 $\Delta f_r$ 为 1.2 MHz，压制系数 $K_j$ 为 4，干扰吊舱天线增益 $G_j$ 为 20 dB，干扰信号带宽 $\Delta f_j$ 为 3.6 MHz，飞机的雷达反射截面积 $\sigma$ 为 30 $m^2$，极化损失 $\gamma_j$ 为 0.5，试计算干扰吊舱所需的最小功率，例题参数如表 6－5 所列。

表 6 - 5　例题参数表

| 参数变量 | 参数含义 | 单　位 | 计算数值 |
|---|---|---|---|
| $K_j$ | 压制系数 | — | 4 |
| $P_j$ | 干扰发射功率 | W | ? |
| $G_j$ | 干扰天线增益 | dB | 20 |
| $P_t$ | 雷达发射机功率 | W | $1\times10^6$ |
| $G_t$ | 雷达发射天线主瓣增益 | dB | 40 |
| $R$ | 雷达与目标(干扰机)之间的距离 | m | 60 000 |
| $\sigma$ | 目标的散射截面积 | $m^2$ | 30 |
| $\Delta f_r$ | 雷达接收机带宽 | Hz | $1.2\times10^6$ |
| $\Delta f_j$ | 干扰信号带宽 | Hz | $3.6\times10^6$ |
| $\gamma_j$ | 干扰信号相对雷达天线的极化损失 | — | 0.5 |

显然,这里需要用到式(6 - 10),并将其进行变形,得

$$P_j \geqslant K_j \cdot \frac{P_t G_t}{G_j} \cdot \frac{\Delta f_j}{\Delta f_r} \cdot \frac{\sigma}{4\pi\gamma_j} \cdot \frac{1}{R^2} \tag{6-11}$$

将表 6 - 5 中参数数值代入式(6 - 11),可得到干扰吊舱所需的最小功率约为 1.59 W。

### 2. 软件操作流程

使用手机绘算软件进入“公式管理”界面,选择“扫码添加公式”,扫描公式二维码,进入如图 6 - 9 所示界面,输入参数值,点击“计算”按钮即可得出数值。

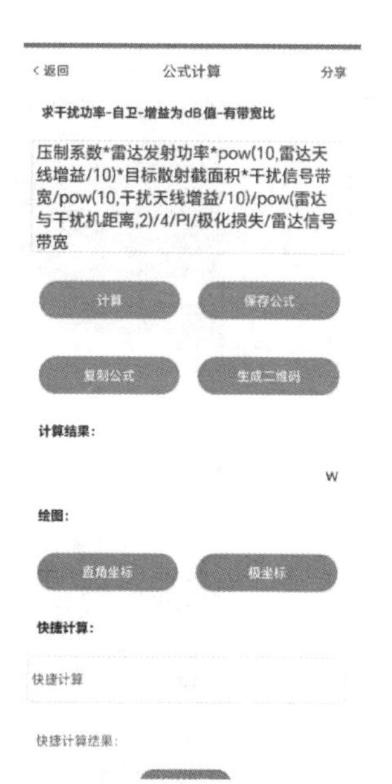


图 6 - 9　干扰吊舱所需的最小功率公式计算示意图

干扰吊舱所需的最小功率公式计算二维码

### 3. 变量关系绘图分析

在上述其他参数不变的情况下,分别分析雷达与干扰机距离、干扰天线增益和雷达发射功率对干扰吊舱所需的最小功率的影响。点击如图 6 - 9 所示“直角坐标”按钮,分别选择 $x$ 轴为“雷达与干扰机距离/干扰天线增益/雷达发射功率”三个参数,并设置相应的起始值、终点值和跨度,点击“直接绘图”按钮,则可得上述三个参数对干扰吊舱所需的最小功率影响的曲线,分别如图 6 - 10、图 6 - 11、图 6 - 12 所示。

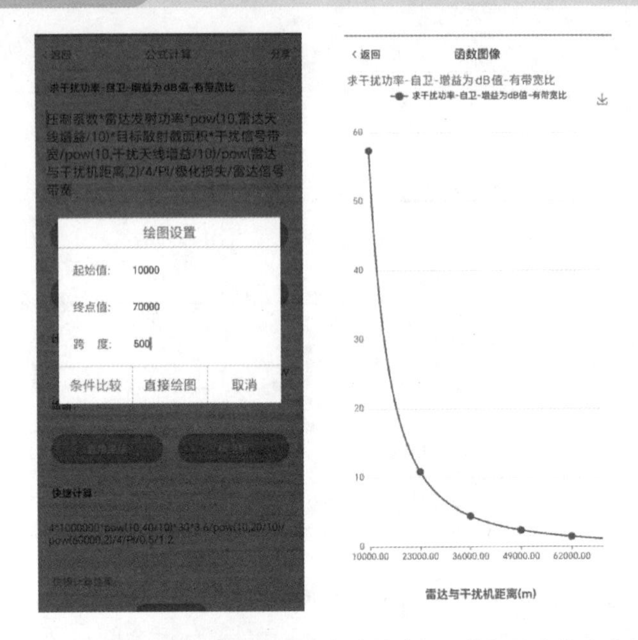


图 6-10　干扰吊舱所需的最小功率随雷达与干扰机距离的变化绘图

从图 6-10 中可以看出，随着雷达与干扰机之间距离的增大，干扰吊舱所需的最小功率降低。这是因为当二者之间距离增大时，雷达能接收到的回波信号的功率减小了，达到同样干扰效果时干扰吊舱所需的最小功率也随之减小。

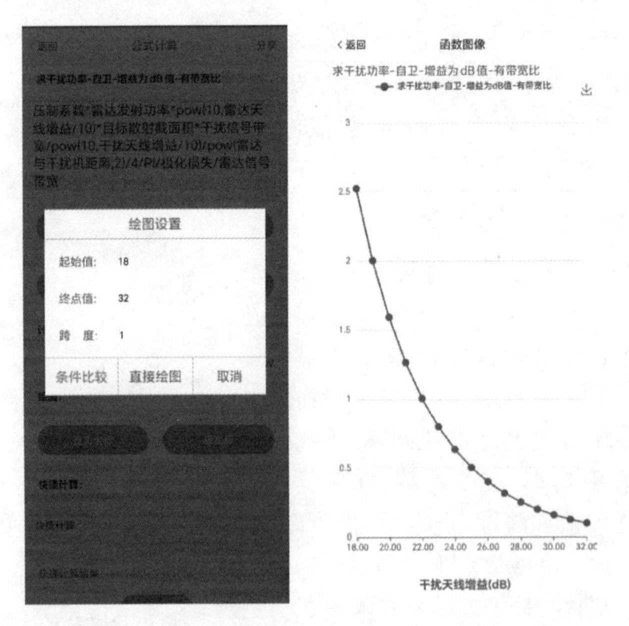


图 6-11　干扰吊舱所需的最小功率随干扰天线增益的变化绘图

从图 6－11 中可以看出，干扰天线增益越大，说明对应方向的干扰功率越大，则相对应的干扰吊舱所需的最小功率减小。

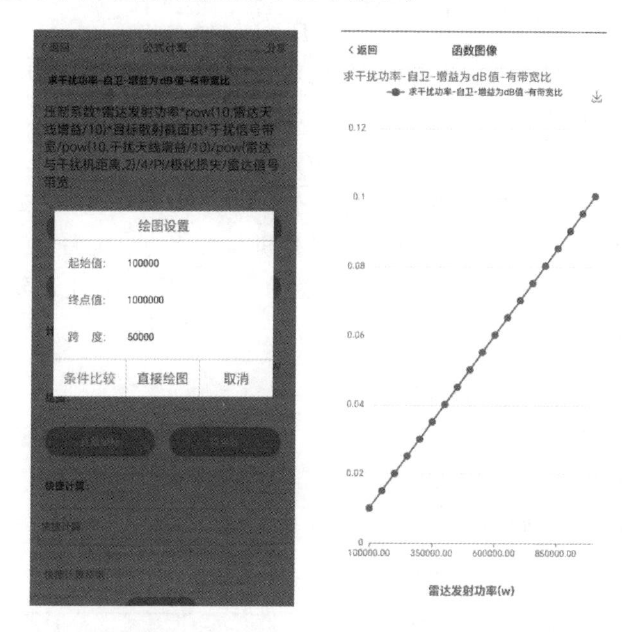


**图 6－12　干扰吊舱所需的最小功率随雷达发射功率的变化绘图**

从图 6－12 中可以看出，当雷达发射功率增大时，雷达接收到的回波信号功率也会增大，为了达到同样的干扰效果，干扰吊舱所需的最小功率也随之增大。读者也可以自行分析其他参数对干扰吊舱所需的最小功率的影响。

# 6.5　最大干扰距离

## 6.5.1　原理描述

若考虑到雷达接收机的内部噪声，雷达接收机输入端的干扰信号功率必须大于接收机内部噪声功率 $P_{\mathrm{n}}$ 一定倍数时，才能形成干扰，即

$$P_{\mathrm{rj}} \geqslant mP_{\mathrm{n}} \tag{6-12}$$

式中，$m$ 为倍数。由此可得到第二干扰不等式，可表示为

$$\frac{P_{\mathrm{j}}G_{\mathrm{j}}G_{\mathrm{t}}(\theta)\lambda_{\mathrm{j}}^{2}\gamma_{\mathrm{j}}}{(4\pi)^{2}R_{\mathrm{j}}^{2}} \geqslant mP_{\mathrm{n}} \tag{6-13}$$

即干扰不等式若考虑带宽因素的影响，则可表示为

$$\frac{P_{\mathrm{j}}G_{\mathrm{j}}G_{\mathrm{t}}(\theta)\lambda_{\mathrm{j}}^{2}\gamma_{\mathrm{j}}}{(4\pi)^{2}R_{\mathrm{j}}^{2}} \cdot \frac{\Delta f_{\mathrm{r}}}{\Delta f_{\mathrm{j}}} \geqslant mP_{\mathrm{n}} \tag{6-14}$$

将式(6-14)进行整理,可得 $R_j$ 的表达式为

$$R_j \leqslant \left(\frac{P_j G_j G_t(\theta) \lambda_j^2 \gamma_j}{(4\pi)^2 m P_n} \cdot \frac{\Delta f_r}{\Delta f_j}\right)^{\frac{1}{2}} \tag{6-15}$$

当式(6-15)取等号时,表示干扰发射机对敌方雷达接收机实施压制性干扰的最大有效距离,可表示为

$$R_{jmax} = \left(\frac{P_j G_j G_t(\theta) \lambda_j^2 \gamma_j}{(4\pi)^2 m P_n} \cdot \frac{\Delta f_r}{\Delta f_j}\right)^{\frac{1}{2}} \tag{6-16}$$

即最大干扰距离。式(6-16)表明,当干扰机与雷达的距离大于最大干扰距离时,雷达将不会被干扰机干扰。需要注意的是,在实际应用中还要考虑地球曲率带来的影响。

## 6.5.2 计算分析

### 1. 计算实例

根据如表 6-6 所列参数数值,计算最大干扰距离。

**表 6-6 例题参数表**

| 参数变量 | 参数含义 | 单 位 | 计算数值 |
|---|---|---|---|
| $R_{jmax}$ | 最大干扰距离 | m | ? |
| $P_j$ | 干扰发射功率 | W | 40 |
| $G_j$ | 干扰天线增益 | dB | 20 |
| $G_t(\theta)$ | 雷达天线在干扰方向上的增益 | dB | 35 |
| $\lambda_j$ | 干扰信号的波长 | m | 0.03 |
| $\gamma_j$ | 干扰信号相对雷达天线的极化损失 | — | 0.5 |
| $\Delta f_r$ | 雷达接收机带宽 | Hz | $1.2\times10^6$ |
| $\Delta f_j$ | 干扰信号带宽 | Hz | $3.6\times10^6$ |
| $m$ | 倍数 | — | $10^3$ |
| $P_n$ | 接收机内部噪声功率 | W | $10^{-11}$ |

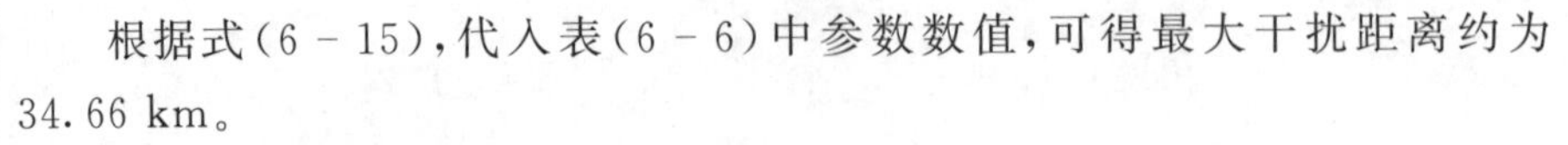
根据式(6-15),代入表(6-6)中参数数值,可得最大干扰距离约为 34.66 km。

最大干扰距离
公式计算二维码

### 2. 软件操作流程

使用手机绘算软件进入“公式管理”界面,选择“扫码添加公式”,扫描公式二维码,进入如图 6-13 所示界面,输入参数值,点击“计算”按钮即可得出数值。

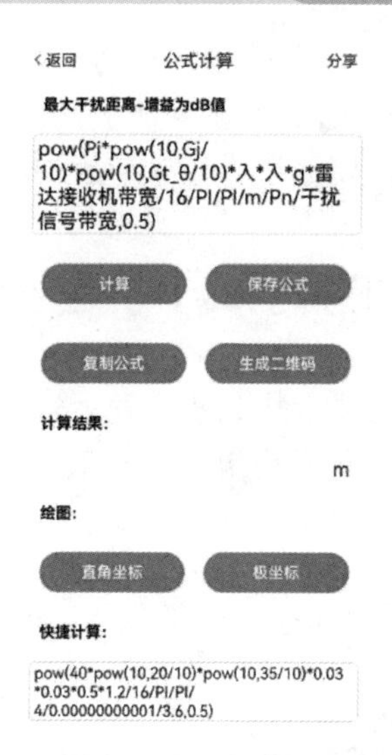


图 6 - 13　最大干扰距离公式计算示意图

## 3. 变量关系绘图分析

在上述其他参数不变的情况下，分析干扰发射功率对最大干扰距离的影响。点击如图 6 - 13 所示"直角坐标"按钮，选择 $x$ 轴为"干扰发射功率"，并设置相应的起始值、终点值和跨度，点击"直接绘图"按钮，则可得 $R_{\mathrm{jmax}}$ 对 $P_{\mathrm{j}}$ 变化的曲线，如图 6 - 14 所示。

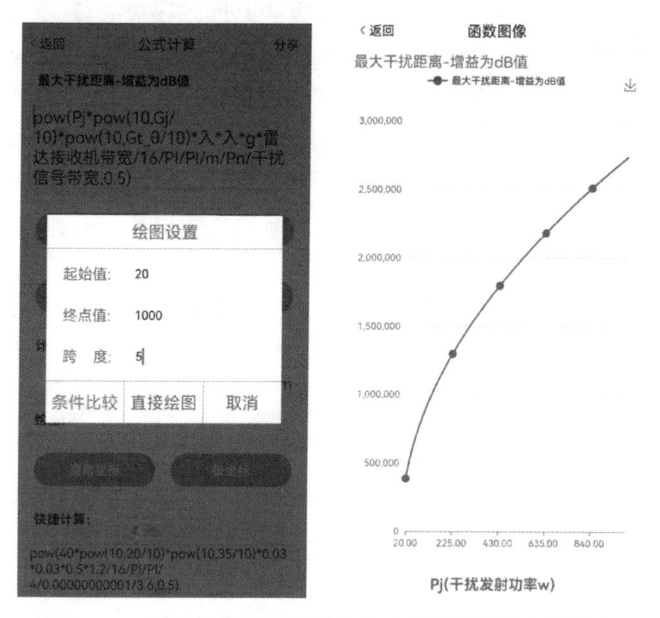


图 6 - 14　雷达接收到的干扰信号功率随距离的变化绘图

从图 6－14 中可以看出，随着干扰发射功率的增大，雷达接收到的干扰信号功率也会相应增大，干扰机可以距离雷达更远，雷达接收到的干扰信号功率才会是雷达接收机内部噪声的 $m$ 倍。

## 6.6 支援干扰的有效干扰空间

如何能够更加形象地描述干扰有效或者干扰无效呢？这就涉及雷达干扰压制区的概念。雷达干扰压制区是指干扰有效空间，也就是干扰机实施干扰时，敌方雷达不能发现被掩护目标的区域，也称为雷达目标遮盖区。对于上面讨论的有源支援干扰和自卫干扰的干扰压制区，其形状和大小可用最小干扰压制距离来描述。

### 6.6.1 原理描述

对于式(6－7)有源支援干扰的基本干扰方程，进行简单的变形，可得

$$R_{\mathrm{t}} \geqslant \left(K_{\mathrm{j}} \cdot \frac{P_{\mathrm{t}} G_{\mathrm{t}}}{P_{\mathrm{j}} G_{\mathrm{j}}} \cdot \frac{\sigma R_{\mathrm{j}}^{2}}{4\pi\gamma_{\mathrm{j}}} \cdot \frac{G_{\mathrm{t}}}{G_{\mathrm{t}}(\theta)}\right)^{\frac{1}{4}} \tag{6-17}$$

当式(6－17)取等号时，有

$$R_{\mathrm{tmin}} = \left(K_{\mathrm{j}} \cdot \frac{P_{\mathrm{t}} G_{\mathrm{t}}}{P_{\mathrm{j}} G_{\mathrm{j}}} \cdot \frac{\sigma R_{\mathrm{j}}^{2}}{4\pi\gamma_{\mathrm{j}}} \cdot \frac{G_{\mathrm{t}}}{G_{\mathrm{t}}(\theta)}\right)^{\frac{1}{4}} \tag{6-18}$$

当目标与雷达的距离 $R_{\mathrm{t}} > R_{\mathrm{tmin}}$ 时，基本干扰方程成立，干扰信号压制住了目标回波信号，雷达不能发现目标，被称为压制区；当目标与雷达的距离 $R_{\mathrm{t}} < R_{\mathrm{tmin}}$ 时，基本干扰方程不成立，干扰信号压制不住目标回波信号，雷达在干扰中仍能发现目标，被称为暴露区。显然，$R_{\mathrm{tmin}}$ 是压制区和暴露区的边界。

对干扰机来说，$R_{\mathrm{tmin}}$ 就是干扰机的最小有效干扰距离；对雷达来说，$R_{\mathrm{tmin}}$ 就是在压制干扰的情况下雷达能够发现目标的最大距离，也称为“烧穿距离”或“自卫距离”。

在式(6－18)中，有源支援干扰一般为旁瓣干扰，雷达在干扰方向上的增益与角度 $\theta$ 有关，每一个确定的 $\theta$ 都有不同的增益值，当 $\theta$ 为变量时，可得到一个干扰压制区的空间。

干扰压制区是一个什么样的空间呢？可以借助其他软件来绘制式(6－18)对应的图像。在绘制图像时，对于式(6－18)来说，雷达、干扰机和目标三者参数确定，雷达和干扰机的位置相对确定，但是目标位置不确定，则雷达的主瓣指向会随着波束扫描发生变化，相应的式(6－18)等号右边的雷达天线在干扰方向上的增益 $G_{\mathrm{t}}(\theta)$ 是变量。在极坐标系中，以雷达为圆心、$\theta$ 为变量、最小干扰距离 $R_{\mathrm{tmin}}$ 为半径，可得有源支援干扰有效空间的剖面图如

图 6－15 所示。

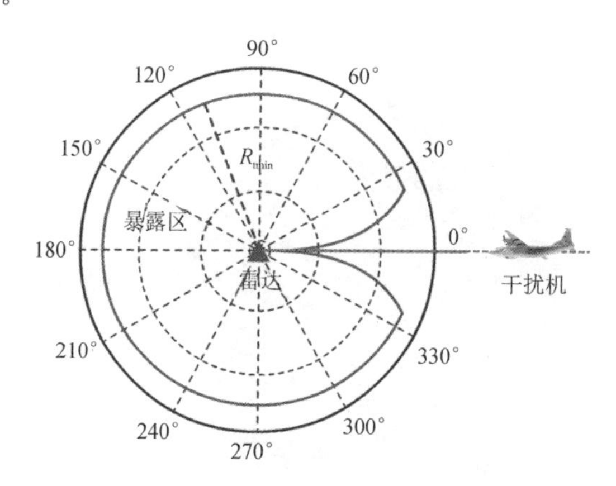


**图 6－15　有源支援干扰有效空间的剖面图**

在图 6－15 中，$R_{tmin}$ 随着 $G_t(\theta)$ 变化的曲线与曲线外对应的区域满足 $R_t \geqslant R_{tmin}$，即为有效干扰空间。很显然，当被保护目标处于这个空间时，就不会被雷达发现，则干扰有效。对应的，曲线内部被称为暴露区，当被保护目标处于这个区域时，就暴露在雷达能探测的范围内，会被雷达发现，则干扰无效。

雷达天线的主波束用来探测目标，当目标位于雷达与干扰机的连线方向时，雷达主波束指向干扰机方向，此时干扰信号从雷达天线主瓣进入雷达接收机，雷达在干扰方向的增益 $G_t(\theta)$ 值最大，由于 $G_t(\theta)$ 处于式(6－18)的分母上，则此时对应的最小干扰距离 $R_{tmin}$ 最小；而如果目标不在雷达与干扰机的连线方向上，如图 6－16 所示，目标由 A 运动到 B 处，雷达主波束指向目标，不指向干扰机，则干扰信号会从雷达天线的旁瓣进入雷达接收机，雷达在干扰方向的增益 $G_t(\theta)$ 值就会小于最大值，则此时对应的最小干扰距离 $R_{tmin}$ 将变大，从而形成了图 6－16 中曲线的凹口。

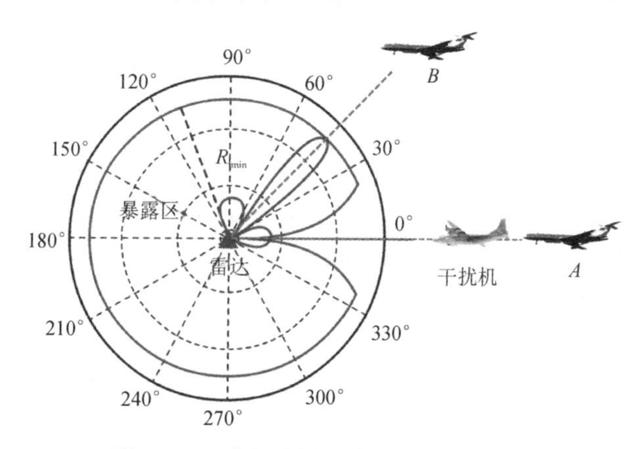


**图 6－16　有源支援干扰有效空间示意图**

实际上，有效干扰空间是个三维立体的干扰空间(见图 6－17)，图中带凹口的球的外部空间为有效干扰空间，而球内为暴露区。

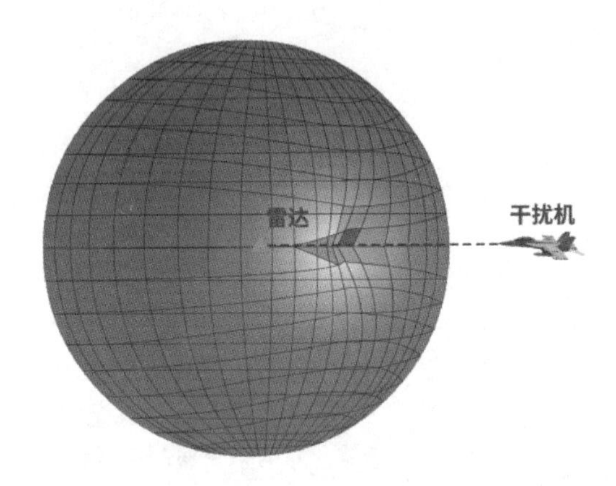


图 6－17　有源支援干扰有效空间立体示意图

## 6.6.2　计算分析

### 1. 计算实例

根据如表 6－7 所列参数数值，忽略干扰信号相对雷达天线的极化损失，计算雷达的烧穿距离。

表 6－7　例题参数表

| 参数变量 | 参数含义 | 单　位 | 计算数值 |
| --- | --- | --- | --- |
| $R_{\text{tmin}}$ | 最小干扰距离 | m | ? |
| $K_{\text{j}}$ | 压制系数 | — | 10 |
| $P_{\text{j}}$ | 干扰发射功率 | W | 1 000 |
| $G_{\text{j}}$ | 干扰天线增益 | dB | 20 |
| $P_{\text{t}}$ | 雷达发射机功率 | W | 1 000 |
| $G_{\text{t}}$ | 雷达发射天线主瓣增益 | dB | 30 |
| $R_{\text{j}}$ | 雷达与干扰机之间的距离 | m | 40 000 |
| $\sigma$ | 目标的散射截面积 | $\text{m}^2$ | 10 |
| $\gamma_{\text{j}}$ | 干扰信号相对雷达天线的极化损失 | — | 1 |
| $G_{\text{t}}(\theta)$ | 雷达天线在干扰方向上的增益 | dB | 0 |

由于干扰机位于雷达天线的 0 dB 副瓣方向，因此该情形为有源支援干

扰，则可以根据式（6－18）求得雷达的烧穿距离，代入表（6－7）中参数数值，可得烧穿距离约为 3.36 km。

## 2. 软件操作流程

使用手机绘算软件进入“公式管理”界面，选择“扫码添加公式”，扫描公式二维码，进入如图 6－18 所示界面，输入参数值，点击“计算”按钮即可得出数值。

## 3. 变量关系绘图分析

在上述其他参数不变的情况下，分析干扰发射功率对最大干扰距离的影响。点击如图 6－18 所示“直角坐标”按钮，选择 $x$ 轴为“雷达与干扰机的距离”，并设置相应的起始值、终点值和跨度，点击“直接绘图”按钮，则可得 $R_{\mathrm{tmin}}$ 对 $R_{\mathrm{j}}$ 变化的曲线，如图 6－19 所示。

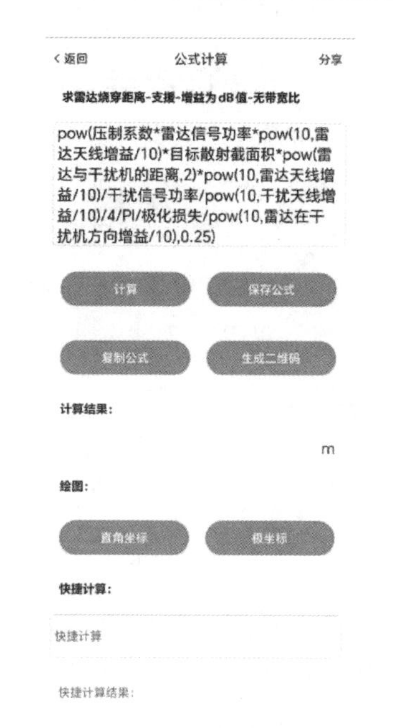


图 6－18　有源支援干扰最小有效干扰距离（烧穿距离）公式计算示意图

有源支援干扰最小有效干扰距离（烧穿距离）公式计算二维码

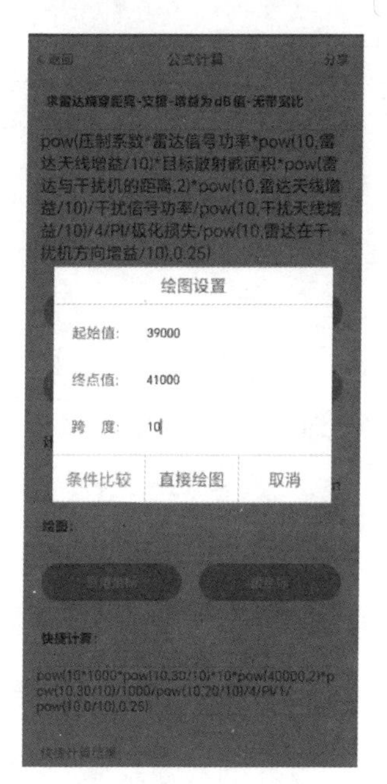


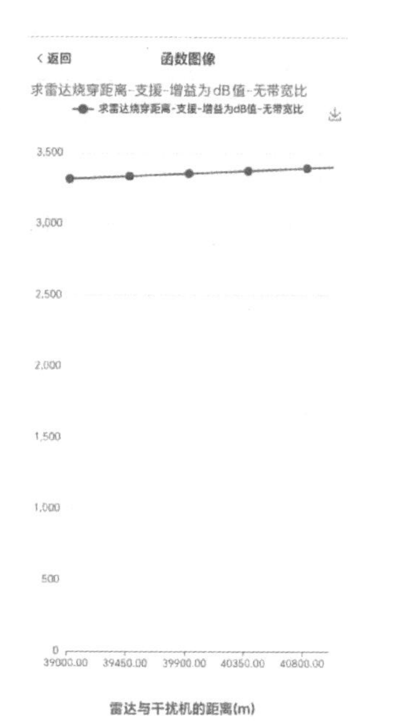


图 6－19　有源支援干扰最小有效干扰距离（烧穿距离）随距离的变化绘图

# 6.7 自卫干扰的有效干扰空间

## 6.7.1 原理描述

对于式(6-9)有源自卫干扰的基本干扰方程,不妨将 $R$ 用 $R_j$ 表示,进行简单的变形,可得

$$R_j \geqslant \left(K_j \cdot \frac{P_t G_t}{P_j G_j} \cdot \frac{\sigma}{4\pi\gamma_j}\right)^{\frac{1}{2}} \tag{6-19}$$

当式(6-19)取等号时,有

$$R_{jmin} = \left(K_j \cdot \frac{P_t G_t}{P_j G_j} \cdot \frac{\sigma}{4\pi\gamma_j}\right)^{\frac{1}{2}} \tag{6-20}$$

在 $R_j \geqslant R_{jmin}$ 的空间内,干扰方程成立,干扰机能有效保护目标,此时雷达不能探测到目标,则该空间被称为干扰压制区;$R_j = R_{jmin}$ 是干扰压制区的边界,是雷达与自卫干扰机在相关参数的配置下,干扰有效时雷达与干扰机的最小距离,该距离也称为雷达的烧穿距离;在 $R_j < R_{jmin}$ 的空间内,干扰方程不成立,干扰无效,此时目标暴露在雷达能正常探测的范围内,则该空间被称为暴露区。

在有源自卫干扰时,雷达接收的目标信号功率 $P_{rs}$、干扰信号功率 $P_{rj}$、$P_{rj}/P_{rs}$ 分别与 $R$ 的关系曲线如图 6-20 所示。

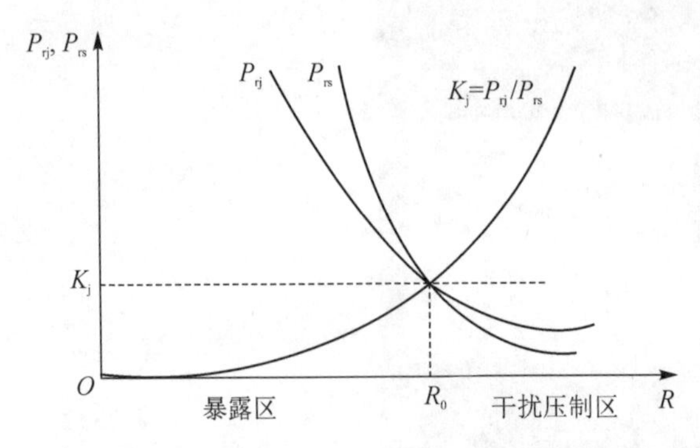


**图 6-20 有源自卫干扰时 $P_{rs}$、$P_{rj}$、$P_{rj}/P_{rs}$ 分别与 $R$ 的关系曲线**

从图 6-20 中可以很清楚地看出最小干扰压制距离、干扰压制区和暴露区的物理概念。在暴露区中,虽然干扰信号功率以二次方继续增大,但目标信号功率以四次方增加,使干扰不能遮盖住目标回波。

对于有源自卫干扰情形下的最小干扰距离,由于目标与干扰机配置在一起,干扰机与雷达是主瓣互指的,与有源支援干扰不同的是,式(6-20)与角度 $\theta$

没有关系。因此，在极坐标中，以雷达为圆心、最小干扰距离为半径，绘出的有效干扰区没有凹口，有源自卫干扰的干扰有效空间示意如图 6-21 所示。

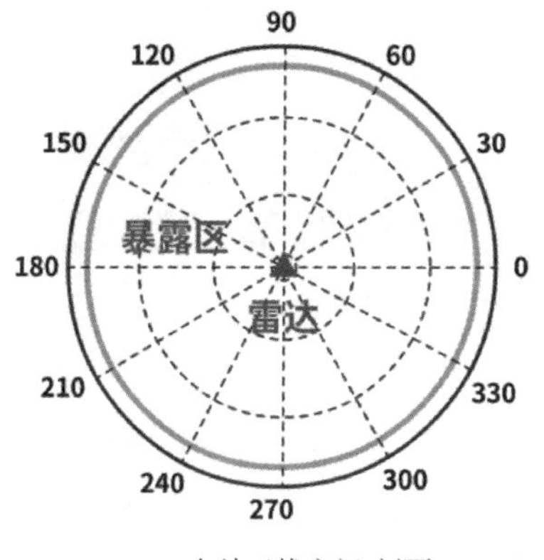


(a) 有效干扰空间(剖面)

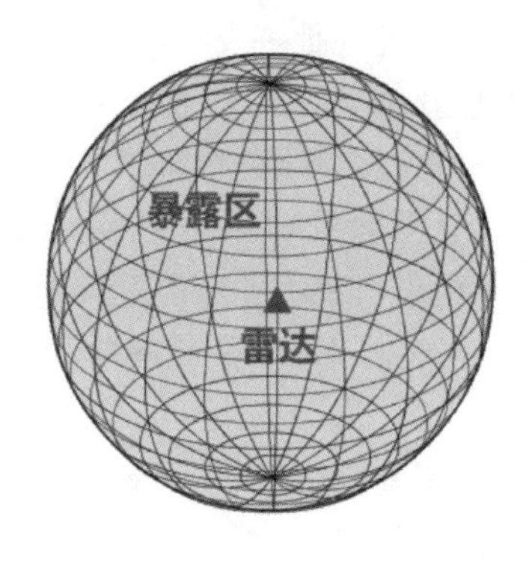


(b) 有效干扰空间(立体)

**图 6-21　有源自卫干扰有效空间示意图**

## 6.7.2　计算分析

### 1. 计算实例

根据如表 6-8 所列参数数值，计算有源自卫干扰最小有效干扰距离。

**表 6-8　例题参数表**

| 参数变量 | 参数含义 | 单　位 | 计算数值 |
|---|---|---|---|
| $R_{\mathrm{tmin}}$ | 最小干扰距离 | m | ? |
| $K_{\mathrm{j}}$ | 压制系数 | — | 10 |
| $P_{\mathrm{j}}$ | 干扰发射功率 | W | 50 |
| $G_{\mathrm{j}}$ | 干扰天线增益 | dB | 15 |
| $P_{\mathrm{t}}$ | 雷达发射机功率 | W | 1 000 |
| $G_{\mathrm{t}}$ | 雷达发射天线主瓣增益 | dB | 30 |
| $\sigma$ | 目标的散射截面积 | $\mathrm{m}^2$ | 20 |
| $\gamma_{\mathrm{j}}$ | 干扰信号相对雷达天线的极化损失 | — | 0.5 |

根据式(6-20)，代入表(6-8)中参数数值，可得有源自卫干扰最小有效干扰距离约为 141.89 m。

有源自卫干扰最小有效干扰距离(烧穿距离)公式计算二维码

### 2. 软件操作流程

使用手机绘算软件进入“公式管理”界面，选择“扫码添加公式”，扫描公式二维码，进入如图 6-22 所示界面，输入参数值，点击“计算”按钮即可得出数值。

### 3. 变量关系绘图分析

在上述其他参数不变的情况下，分析干扰发射功率对最大干扰距离的影响。点击如图 6－22 所示“直角坐标”按钮，选择 $x$ 轴为“干扰信号功率”，并设置相应的起始值、终点值和跨度，点击“直接绘图”按钮，则可得 $R_{jmax}$ 对 $P_j$ 变化的曲线，如图 6－23 所示。

从图 6－23 中可以看出，有源自卫干扰时，随着干扰发射功率的增大，雷达接收到的干扰信号增大，则干扰机可以更接近雷达而不被发现。就像消防员在进行进攻式灭火训练一样，雷达就是熊熊燃烧的火焰，而消防员手中的高压水枪就是干扰机，高压水枪喷出的水形成的水盾就是干扰信号，水压越高喷出的水越多，则消防员越可以在确保自身安全的情况下逼近火源而进行灭火。

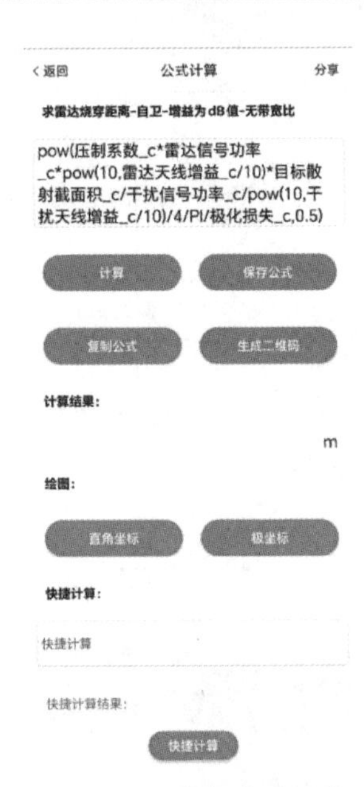


图 6－22　有源自卫干扰最小有效干扰距离(烧穿距离)公式计算示意图

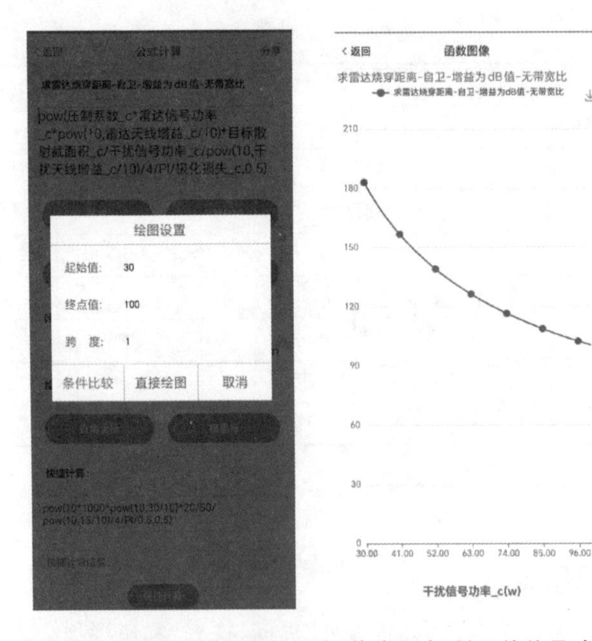


图 6－23　有源自卫干扰最小有效干扰距离(烧穿距离)随干扰信号功率的变化绘图

# 思考题

6.1　雷达干扰的分类有哪些？各个分类的定义是什么？

6.2　当雷达的有效功率增大时，为了达到相同的干扰效果，干扰机的有效功率应该如何变化？

6.3　有源支援干扰的有效干扰空间，为什么会有凹口？

6.4　若干扰机功率为 600 W，天线增益为 25 dB，干扰机与雷达距离为 50 km；发射机功率为 1 kW，天线增益为 30 dB，雷达天线在干扰方向的增益为 5 dB，压制系数 $K_j$ 为 12 dB，目标的 RCS 为 15 $m^2$，忽略干扰信号相对雷达天线的极化损失，试计算雷达的烧穿距离。

6.5　某飞机使用干扰吊舱进行自卫干扰，假设要在 70 km 外对雷达实施有效压制，该雷达的发射功率 $P_t$ 为 0.8 MW，天线增益 $G_t$ 为 35 dB，雷达信号带宽 $\Delta f_r$ 为 1.5 MHz，压制系数 $K_j$ 为 5，干扰吊舱天线增益 $G_j$ 为 20 dB，干扰信号带宽 $\Delta f_j$ 为 3.6 MHz，飞机的雷达反射截面积 $\sigma$ 为 20 $m^2$，极化损失 $\gamma_j$ 为 0.6，试计算干扰吊舱所需的最小功率。

# 参考文献

[1] 邵国培.电子对抗战术计算方法[M]. 北京:解放军出版社,2011.
[2] 邵国培.电子对抗作战效能分析原理[M]. 北京:军事科学出版社,2013.
[3] 丁鹭飞,耿富录,陈建春.雷达原理[M]. 第4版.西安:西安电子科技大学出版社,2020.
[4] DAVIDK.现代雷达的雷达方程[M]. 俞静,译.北京:电子工业出版社,2016.
[5] 陈伯孝,杨林,魏青. 雷达原理与系统[M]. 西安:西安电子科学技术大学出版社, 2021.
[6] 杨超.雷达对抗基础[M]. 成都:电子科技大学出版社,2012.
[7] 俄罗斯空军电子对抗作战效能评估[Z]. 刘南辉,译,2007.
[8] 甘佑文.列线图[M]. 成都:四川人民出版社,1982.
[9] 张民.典型地面环境雷达散射特性与电磁成像[M]. 西安:电子大学出版社,2016.
[10] ADAMY D.电子战原理与应用[M]. 王燕,译.北京:电子工业出版社,2011.
[11] ADAMY D.通信电子战[M]. 楼才义,译.北京:电子工业出版社,2017.
[12] 贺平.雷达对抗原理[M]. 北京:国防工业出版社,2016.
[13] 周一宇.电子对抗原理与技术[M]. 北京:电子工业出版社,2023.
[14] 邵国培.电子对抗战术计算方法[M]. 北京:解放军出版社,2010.
[15] 崔炳福.雷达对抗干扰有效性评估[M]. 北京:电子工业出版社,2017.
[16] 胡振彪.电子对抗效能快速计算手册[M]. 合肥:中国科学技术大学出版社,2020.
[17] 左洪浩.雷达对抗侦察距离的计算方法[J]. 指挥控制与仿真, 2019(2):5. DOI:10.3969/j.issn.1673-3819.2019.02.024.
[18] 陈伯孝,等.现代雷达系统分析与设计[M]. 西安:西安电子科技大学出版社,2012.
[19] 赵娜.天线与电波传播[M]. 合肥:合肥工业大学出版社, 2024.
[20] 姬宪法,严利华,张扬.机载火控雷达技术及应用[M]. 北京:航空工业出版社, 2023.
[21] 韩壮志,刘利民,马俊涛. 雷达原理与系统[M]. 石家庄:河北科学技术出版社, 2020.
[22] 侯煜冠. 信息对抗技术原理与应用[M]. 哈尔滨:哈尔滨工业大学出版社, 2020.

[23] 张锡祥，肖开奇，顾杰. 新体制雷达对抗论[M]. 北京：北京理工大学出版社，2020.
[24] 刘利民，赵喜，曾瑞. 雷达对抗技术[M]. 石家庄：河北科学技术出版社，2020.
[25] 巴赫曼·佐胡里. 雷达能量战与隐身技术的挑战[M]. 上海：上海交通大学出版社，2022.
[26] 罗钉. 机载有源相控阵火控雷达技术[M]. 北京：航空工业出版社，2018.
[27] 周鹏. 雷达技术与微波遥感基础[M]. 东营：中国石油大学出版社，2024.
[28] 肖龙龙. 压缩感知遥感成像技术[M]. 北京：北京航空航天大学出版社，2024.
[29] 李冠运，刘松涛，徐华志. 雷达地形遮挡盲区的大气折射修正算法[J]. 探测与控制学报，2023，45(6)：95-101.
[30] 李成伟. 机载雷达干扰系统关键技术研究[D]. 成都：电子科技大学，2023.
[31] 刘涛. 雷达对抗技术的发展和趋势[J]. 数码设计(下)，2021，010(3)：251-252.
[32] 蚩建峰. 雷达信号侦察处理系统研究[J]. 舰船电子对抗，2021. DOI：10.16426/j.cnki.jcdzdk.2021.02.019.
[33] 石艳. 雷达对抗技术的特点与发展[J]. 中国科技期刊数据库 工业A，2021(9)：2.
[34] 汪俊澎，李永祯，邢世其，等. 合成孔径雷达电子干扰技术综述[J]. 信息对抗技术，2023，2(4)：138-150.
[35] 黄培康，殷红成，许小剑. 雷达目标特性[M]. 北京：电子工业出版社，2005.
[36] 斯科尼克. 雷达手册[M]. 北京：电子工业出版社，2022.
[37] 侯建. 关于雷达方程的讨论[J]. 现代防御技术，2020，48(6)：5. DOI：10.3969/j.issn.1009-086x.2020.06.001.
[38] 唐杰. 基于目标特性匹配的宽带雷达目标检测与识别技术研究[D]. 西安：西安电子科技大学，2023.
[39] 吕兆哲，陈剑，陈洪. 一种面向随队支援干扰的雷达探测威力范围计算方法：CN202210477968.8[P]. CN202210477968.8[2024-10-09].
[40] 赵维江. 复杂目标雷达截面计算方法研究[D]. 西安：西安电子科技大学，1999.
[41] 朱华邦，杜娟. “四大威胁”环境下雷达生存与对抗技术浅析[J]. 空天技术，2005(1)：61-64.
[42] 孔海平，尹奥，康平. 浅述雷达电子对抗技术及其运用[J]. 科学与信息化，2020.
[43] 邓宝. 对SAR的干扰压制区计算模型[J]. 系统工程理论与实践，2008，28(1)：151-155. DOI：10.3321/j.issn：1000-6788.2008.01.022.
[44] 肖钦定，刘晓东，李海林. 有源干扰压制区计算模型研究[J]. 舰船电子对抗，2011，34(6)：5. DOI：10.3969/j.issn.1673-9167.2011.06.004.
[45] 刘伟. 防空中雷达对抗战术及其发展趋势[J]. 中国军转民，2021(4)：3. DOI：

10. 3969/j. issn. 1008-5874. 2017. 01. 029.

[46] 张云秀. 雷达对抗中 3 种压制系数的比较[J]. Journal of Terahertz Science and Electronic Information Technology, 2022(4).

[47] 何缓,董文锋,耿方志,等. 我院雷达对抗原理课程"金课"建设探索[J]. 2021. DOI:10. 3969/j. issn. 2095-5839. 2021. 01. 011.

[48] 方恩渊,魏嵩,何超,等. 雷达对抗技术研究综述与智能反干扰展望[J]. 信息对抗技术, 2024, 3(2):5-26. DOI:10. 12399/j. issn. 2097-163x. 2024. 02. 002.

[49] 耿方志,张永新,何缓. 军事院校装备课程教学团队建设研究——以雷达对抗装备课程为例[J]. 船舶职业教育, 2021, 9(3):5. DOI:10. 16850/j. cnki. 21-1590/g4. 2021. 03. 005.

[50] 刘伟. 防空中雷达对抗战术及其发展趋势[J]. 中国军转民, 2021, 000(004):64-66. DOI:10. 3969/j. issn. 1008-5874. 2021. 04. 039.

[51] 魏昱,何缓,董文锋. 雷达对抗原理课程思政建设存在问题及对策[J]. 空军预警学院学报, 2021, 35(6):4.